探索观

探究する精神

職業としての基礎科学

[日] 大栗博司 著

樊颖 译

机械工业出版社

CHINA MACHINE PRESS

本书作者为日本著名物理学家，他在本书中介绍了科学精神的内涵与自己成为科学家的历程。作者通过自己对科学的认识，以及一个个物理学界伟大科学家的故事，探讨了科学探索对人类社会的意义，以及科学自身的局限性与未来的广阔疆域。对于热爱科学知识，希望以科学研究为终身职业的读者会有很大的启示。本书语言平实易懂，适用于多年龄层读者，向我们解释何为科学，以及如何培养一颗对未知世界的好奇之心，从而成就科学探索之路。

大栗博司 . 探究する精神：職業としての基礎科学 .

Copyright © 2021 HIROSI OOGURI, GENTOSHA.

Illustration © ikuko otaka (Column & Epilogue)

Simplified Chinese Translation Copyright © 2023 by China Machine Press.

Simplified Chinese translation rights arranged with GENTOSHA through Bardon-Chinese Media Agency. This edition is authorized for sale in the Chinese mainland (excluding Hong Kong SAR, Macao SAR and Taiwan).

北京市版权局著作权合同登记　图字：01-2022-3166 号。

图书在版编目（CIP）数据

探索观 /（日）大栗博司著；樊颖译 . —北京：机械工业出版社，2022.9
ISBN 978-7-111-73340-9

Ⅰ.①探… 　Ⅱ.①大… ②樊… 　Ⅲ.①科学精神 – 通俗读物 　Ⅳ.①G316-49

中国国家版本馆 CIP 数据核字（2023）第 106514 号

机械工业出版社（北京市百万庄大街22号　邮政编码100037）
策划编辑：顾　煦　　　　　　　责任编辑：顾　煦
责任校对：韩佳欣　　卢志坚　　责任印制：郜　敏
三河市宏达印刷有限公司印刷
2023 年 10 月第 1 版第 1 次印刷
170mm×230mm · 19印张 · 1插页 · 171千字
标准书号：ISBN 978-7-111-73340-9
定价：79.00元

电话服务　　　　　　　　　　　网络服务
客服电话：010-88361066　　　　机　工　官　网：www.cmpbook.com
　　　　　010-88379833　　　　机　工　官　博：weibo.com/cmp1952
　　　　　010-68326294　　　　金　书　网：www.golden-book.com
封底无防伪标均为盗版　　　　　机工教育服务网：www.cmpedu.com

比起发光，照耀的成就更大；比起冥想，将冥想的果实授予众人的成就更大。

——托马斯·阿奎那《神学大全》

前　言　▶ PREFACE

2019 年 12 月 2 日，我一早从洛杉矶出发，傍晚时分刚抵达纽约就发现手机上有一条消息。两周后我将在东京出席紫绶褒章的授予仪式，因此计划参加普林斯顿高等研究院[⊖]的研究会后立即返回日本。

手机上的消息是我在加州的主治医生发来的。我回电话过去，得知我在前一周的体检中查出前列腺的肿瘤指标异常。医生说有癌变的可能，让我从日本回来后立即去做进一步的检查。在日本期间，我在不安中完成了作为东京大学科维理数学物理学联合宇宙研究机构（Kavli IPMU）主任的各项工作。12 月 16 日文部科学大臣访问本研究所，并于次日向我代授了紫绶褒章。

授予仪式结束后举行了午宴，午宴上各行各业的受勋人士欢聚一堂。我提前拜读了各位人士的著作，所以和大家谈得很尽兴。研发了外骨骼动力服 HAL 的山海嘉之先生在午宴上的一席话给我留下了深刻的印象。他似乎是预感到了新型冠状

___

⊖　以下简称"高等研究院"。——译者注

病毒将在全世界蔓延。他说："人类的数量已经让地球不堪重负，可能不久就会发生世界人口大幅减少的情况。"

当天下午我去皇居谒见了天皇陛下。日本政府为我提供了从小学到研究生院的公立教育，还给我的研究事业提供各种支持，这次能从政府获得紫绶褒章令我备感荣幸。

回到加州后我做了医学检查，发现了癌细胞的存在。新年伊始，经过更精密地检查，我被诊断出癌细胞有转移的可能。如果止步于原发病灶也许还能根治，所以听到癌细胞可能转移的消息让我深受打击。

数日之后，即 2020 年 1 月 12 日在东京大学安田讲堂有一场演讲会。因为这个活动由科维理数学物理学联合宇宙研究机构主办，又安排我第一个出场演讲，所以无论如何我不能缺席。得到主治医生的批准后，我又飞往东京出差两天一晚。当天的安田讲堂座无虚席，我的演讲也深受好评。东京大学校长原计划致完开幕词就要离场，结果留下来津津有味地听完了整场演讲。在这次演讲会上我演讲的题目是"宇宙的数学"，关于这部分内容我将在本书的第 3 章进行详细的讲解。

就在启程前往日本出差，在洛杉矶机场的贵宾室候机时，我收到了幻冬社的小木田顺子女士发来的邮件，问我有没有兴趣写一本主题为"如何将科学家作为终身职业"的书。她在邮件中提议说："您作为研究者、教育工作者一路走来，想请您基于此谈谈对基础科学意义的思考。"

曾经也有几家出版社找我谈过类似的策划，当时我觉得对我而言，写回忆录之类的内容还为时过早，所以都婉拒了。也许是因为刚诊断出癌细胞可能转移这一情况，我接受了这次约稿。

所幸手术十分成功，后续的检查也明确了癌细胞并未转移这一事实。我感到重获新生，满怀着对能够从事基础科学事业的感恩之心开始了这本书的写作。这本书从介绍我为什么立志于成为一名理论物理学者写起，在本书的后半部分中，我还会谈谈自己对科学与社会关系的一些认识。

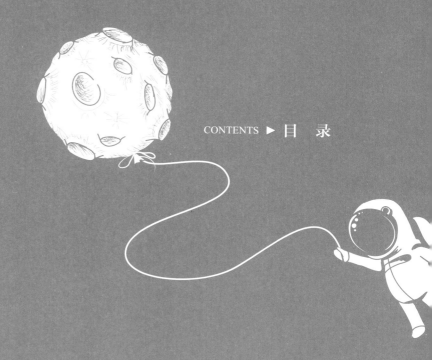

CONTENTS ▶ 目 录

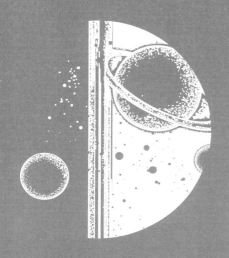

第 1 章

求知之旅的
开端

1 思考的乐趣

在旋转餐厅测量地球的大小

我在岐阜县出生、长大，童年时父母经常带我去名古屋。当时我们固定的行程是把车停在中日大厦的地下停车场，上楼去餐厅吃饭，之后走过三条马路，去丸荣百货商店购物。中日大厦是一座 12 层的大楼，顶层是旋转餐厅。在餐厅缓慢的旋转中悠然远眺四周的景致是一大乐事，从餐厅能看到遥远的地平线。

"从这儿到地平线有多远呢？"在我小学五年级的时候，这个问题突然浮现在我的脑海中。在数学课上我们已经用三角测量的方法测算过学校附近新建的电波塔的高度。课堂上学的三角形的几何知识在实际生活中的应用让我大为赞叹，于是我想到能不能用三角测量的方法来测算一下餐厅到地平线的距离。

我想知道从餐厅到地平线这一线段的长度，于是把它当作三角形的一条边，只要再选一个顶点，这个三角形的形状就确定了。我想到顶点有两个选项：一个是位于中日大厦一楼的那家以美味年轮蛋糕见长的咖啡店，另一个是地球的中心点。

和家人一起在餐厅吃饭时，我一直在琢磨两个三角形，它们的顶点分别是"一楼咖啡店、旋转餐厅、地平线上的点"和"地球中心点、旋转餐厅、地平线上的点"。我意识到这两个三角形是相似三角形（见图 1-1）。利用刚学过的三角形的性质，可以推导出（楼高）×（地球半径）=（大厦到地平线距离的平方）这一公式。那么只要知道大厦的高度和地球半径，就能算出大厦到地平线的距离。

我迅速推算出了大厦的高度。身为小学生的我自然熟知奥特曼的身高是 40 米。奥特曼总是一边和怪兽打斗，一边推倒和自己身高差不多的大楼。中日大厦比当时的那些楼都要高一截，所以我判断它大约是 50 米高。

可我并不知道地球半径是多少。这下算不出大厦离地平线到底有多远了，我这么想着，将视线投向远方，忽然发现地平线尽头的那片城镇是父亲的老家。木曾川流过岐阜县和爱知县的交界处，河对岸就是父亲的老家。我问父亲从这里到老家有多远，父亲说大约 20 千米。

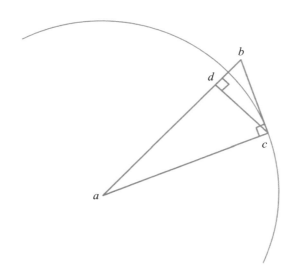

图 1-1　利用三角形的性质测算地球的大小

　　a 是地球中心点，b 是中日大厦的旋转餐厅，c 是从餐厅看到的地平线上一点。在线段 ab 上选定一点 d，使得三角形 bdc 成直角三角形，由此也可得三角形 abc 与三角形 bdc 相似。当时我是小学五年级学生，认为构成直角 bdc 的 d 点位于大厦一层，由此推导出如下的公式：

$$（楼高）\times（ab）=（bc^2）$$

　　实际上 bd 的长度大约是楼高的 2 倍，所以应该在公式左边乘以 2，即：

$$2\times（楼高）\times（ab）=（bc^2）$$

"从这儿到地平线有多远呢?",这个最初的问题从父亲口中轻松地得到了答案。于是我想到把问题变换一下,利用已知的大厦到地平线的距离来计算未知的地球半径。把刚才的公式变形,可知(地球半径)=(bc^2)÷(楼高)。所以只要知道大厦到地平线的距离和楼高,就能推算出地球半径的数值。我计算了一下,大约是 8000 千米。回到家中我翻阅了百科词典,得知地球半径约为 6400 千米。虽然我估算的数字大了一些,但也差不太多。

我一直记着这件小事,是因为从窗边看到景色就推算出了地球的大小,这给我留下了极其深刻的印象。通过观察和思考竟然能了解到这么多知识,而且这一切都是通过运用自己的能力实现的,这让我深受鼓舞。

当时我读到了汤川秀树的传记,知道了理论物理学这门学问,便暗下决心将来要做一名理论物理学家。

我在物理学领域经常思考一些远远超出日常经验的现象。例如位于银河系中心质量达太阳 400 万倍的黑洞、数亿光年外的河外星系的运动。我把目光投向微观世界,又有量子力学的奇妙世界。从基本粒子的世界到 138 亿年前的宇宙诞生[⊖],我相信不论怎样的难题,只要运用观察和思考的能力就能够解决,而正是旋转餐厅里的小小往事给了我这样的勇气。

⊖ 大爆炸理论认为宇宙是由一个致密炽热的奇点于约 138 亿年前一次大爆炸后膨胀形成的。——译者注

其实我在小学时推导出的公式还是有些问题，在公式左边乘以 2，即：2×（楼高）×（地球半径）=（大厦到地平线距离的平方）更为准确，记住这个公式算起来就会简单得多。

在我四十多岁的时候，美国对冲基金公司文艺复兴科技的创始人詹姆斯·西蒙斯斥巨资在纽约的石溪大学设立几何物理中心（SCGP），邀请我担任首任所长。

西蒙斯是一位著名的数学家，曾以几何学和拓扑学方面的研究成果获得美国数学会的维布伦几何奖，还担任过石溪大学数学系系主任。西蒙斯后来转行进入投资界，他立足于数学理论分析股市的大数据，在此基础上进行投资交易并大获成功。格里高利·祖克曼写的《征服市场的人：西蒙斯传》[1]（*The Man Who Solved the Market*）一书详细介绍了西蒙斯的传奇人生和他的对冲基金。

为了了解中心的具体计划，我去拜访了西蒙斯。他的办公室位于曼哈顿中心区高楼的一角，是挑空设计的宽敞空间。凭窗远眺，景色绝佳，不仅能看到联合国大厦、伊斯特河，甚至能望见河对岸的布鲁克林和长岛。

谈到石溪大学时，西蒙斯指着东边说："那一片应该就是石溪大学吧。"虽说当时我附和一番就好，但我还是诚实地反驳说："从这个高度能看到地平线 35 千米远的地方，所以最多能看到蚝湾附近吧。"西蒙斯问我何以见得,我拿出纸巾在上面画了图 1-1 示意,讲解说"因为这两个三角形相似",西蒙斯不愧是数学家,瞬间就明白了其中的原理。他高兴地说:"我从飞机舷窗向外张望时,有时会想现在距地平线有多远,您告诉了我一个好办法。"自此我们的谈话也越发投机。

虽然我最终谢绝了担任几何物理中心的所长一职,但我和西蒙斯的友情却一直延续下来。后来西蒙斯的财团为振兴数理科学引入了研究员制度,我作为首批高级研究员获得了研究资金方面的资助。

朋友们,请记住这个公式吧,说不定在旋转餐厅吃饭的时候能作为话题派上用场。

婴儿感受到的"发现"的喜悦

我在小学高年级时感受到了几何学的乐趣,其实我从小学低年级起就对理科产生了浓厚的兴趣,尤其喜欢动手做实验。多次实验均能得出同样的结果是最吸引我的地方。例如将消毒用的碘酊稀释后制成碘溶液,把它滴入白粥等淀粉质中,碘溶液会从黄色变成蓝紫色。可是如果将唾液滴入白粥,再加热一段时间,此时再滴入碘溶液就观察不到变色的现象。这个实验重复好多次都是同样的结果。

也许有人会奇怪，认为这有什么意思，甚至有人觉得每次都得出同样的结果太无聊了。可是这个世界的现象的变化有一定的模式，我弄明白了这种模式，想到这一点就足以让我感到神奇。

我女儿小时候有段时间，只要把她放在婴儿餐椅上，她就会拿起面前小桌上的勺子扔到地上。我和妻子赶来把勺子放回到桌子上，女儿会再把它扔到地上。我们再次捡起勺子，女儿会兴奋得咯咯笑，仍旧把勺子扔下去。循环往复，绝不厌倦。我想，女儿应该是在那一刻感受到了发现的乐趣。她发现了"扔下勺子，父母会跑过来把勺子捡起来"这一模式。为了确认这个行为法则，女儿一遍又一遍地做着扔勺子的实验。

婴儿在反复尝试中认识世界的样子让我深深感动。我们习以为常的每一个日常现象对婴儿来说都是崭新的事物，他们通过了解其中的模式来认识自己所生存的世界的运行原理。发现事物的模式会让婴儿产生本能的欢喜与感动，而科学家也许就是能将这份赤子的好奇心保留到成人阶段的人。

享受在自由研究○中不断摸索的乐趣

回顾小学时代，我不仅跟着老师学各种知识，同时也喜欢天马行空地思考问题。

○ 指日本从小学到高中普遍开展的一项学生自主探究性学习活动，是一种由学生自己确定主题的开放式暑假作业。——译者注

在学校里，老师教我们画画时要先画出轮廓线。不论是画人脸还是画苹果，都要先画出轮廓线，再涂色。当我还在读小学低年级时，就苦苦思索轮廓线到底是什么。看看身边的物品，并没有被黑色的线条包裹住。物体和物体之间确实存在着界线，但这界线并不是一条有宽度的黑线。那么界线到底是由什么构成的？经过仔细观察，我发现界线是颜色和亮度的变化，那里并没有一条有宽度的线。画轮廓线，不过是为了让颜色和亮度的变化更加明显。这也许是显而易见的事，但我通过自己的思考和语言表达领悟了这一点。

自由研究于我而言是能够体味独立思考乐趣的机会。自由研究是一项课题式的学习，需要将自己调查的结果写在大张的白纸上进行发表，我所在的小学每周一举行发表会。自由研究不仅要自己思考、调查发表课题，还要绞尽脑汁地想办法把调查的内容呈现在纸面上，比如绘制图表就很需要花一番功夫。

我父母当时在岐阜市[⊖]柳濑商店街上经营着几家店铺。我家住在市郊，所以放学后我会先去父母在公司一角开辟出的小房间学习，等父母下班后再一起回家。柳濑就像我的主场，所以我把调查商店街一天之内的客流量变化作为自由研究的课题。

当我准备以时间为横轴，以路上往来的人数为纵轴绘制图

⊖ 岐阜市位于岐阜县南部，是岐阜县县厅的所在地。——译者注

表时，发现了"该如何设置时间间隔"这个问题。如果时间跨度过大，只能显示较大的变化。可是如果将时间间隔设置得过短，就失去了图表的意义。举个极端的例子，如果我将间隔设为 1/100 秒，就会形成一列 0 的数字中间或夹杂着几个 1 的图表，这样就无法用图来表示客流量的变化了。如果想一目了然地展示一天之内的客流量变化，应该如何设置时间间隔呢？

在以往的自由研究中我调查过气温的变化，当时"如何设置时间的间隔"并未成为一个问题。相比间隔 6 小时，将时间间隔设定为 2 小时或 1 小时能更详细地用图表显示出气温的变化。理论上即便以 1/100 秒为单位时间间隔观察气温后制成图表也是可行的。

为什么气温的图表可以无限缩短时间间隔，而调查客流量的图表就不行？这两种量究竟有什么不同？直到我学了大学物理的知识后才明白两者之间的区别。

物理学中将可测量的量分为具有"强度性质"的量和具有"广度性质"的量。我们以满杯的水为例，把杯子的体积变成 2 倍，水温也不会出现变化，这种不随系统大小而改变的物理量具有强度性质。温度、密度、压力都是具有强度性质的量。杯中水的重量与杯子的体积成正比，体积增加到 2 倍时重量也增加到 2 倍。这种与系统大小成比例改变的物理量具有广度性质。重量、水中分子的数量都是具有广度性质的量。

从这个分类来看，气温具有强度性质，无论如何细分时间间隔，都能画出平滑的曲线。而客流量具有广度性质，与测量的时间间隔成比例变化。因此如果将时间间隔设定得过短，图表将毫无意义。

20 世纪初，加州理工学院的物理学家理查德·托尔曼将可测量的量按照强度性质和广度性质进行分类。当时我还是小学生，自然想不到这么高深的内容，但是自己思考气温和人数这两种量的区别在哪里，在不断摸索中进行自由研究是很愉快的。

我在自由研究的发表会上也积累了一些把自己的想法传达给别人的经验。在公开场合讲话时，需要站在听众的角度去想一想，如何阐述对方才能理解。如果只是按照自己理解的顺序去讲，对方未必听得明白，需要先整理好想传达的信息，然后组织好逻辑关系进行表达。在别人面前讲解也能加深自己的理解。小学阶段的这些经验，在我成为科研工作者后，对写论文、学术演讲都依然有用。

在"自由书房"中放牧

想要独立思考，需要知识作为支撑。如果知识贫乏，思想也不可能达到更深更广的维度。当我还是小学生时，就认识到书籍是知识的宝库。

　　当时柳濑商店街上有一家岐阜县最大的书店——自由书房总店，这家书店就在我父母经营的店铺附近，所以我能用挂账的方式买书。学校放学后能够随意走进大型书店去挑选书籍，现在想来真是一件幸运的事。虽然附近也有市立图书馆，但当时的图书馆一副政府机关的做派，小学生独自一人很难进去借阅。当然今非昔比，现在图书馆亲民多了。因为自由书房的店员都认得我，我也会毫不犹豫地买下喜爱的书，所以当时我在书店里站着读多久都不会遭到白眼。父母不会对我选择的书籍多加干涉，我能读到自己真正想读的书，对此我心怀感激。

　　因为我每天都去书店，所以店里的陈设现在还历历在目。进门右侧是杂志，左侧是童书，当我还是小学低年级学生时，一进书店就直奔童书柜台。一层的中央摆放着单行本，往里走是"新书"和"文库版"的书籍⊖。二层是高中生的教学参考书以及面向大学生的学术书籍。三层主要是美术类书籍和高级文具。

　　有一套书虽然购自童书柜台，却让我反复阅读了好几遍。这套书就是《这是为什么？理科学习漫画》[2]。这套十二卷的书上的每一句话我都读过好几遍，牢牢记住了里面的内容。我女儿刚上小学的时候，我曾想找一套类似的学习类漫画读物，

　　⊖　原文为"新書"与"文庫本"，这是日本特有的两种丛书，各个出版社以同样的开本，相似的装帧风格出版自己的低成本丛书，比如"角川新书"或"角川文库"。一般"新书"是低成本低风险的新出版图书，"文库本"是经典著作的简装低价再版。——译者注

可是遗憾的是没能找到像《这是为什么？理科学习漫画》这么出色的书籍。

我还读了《写给孩子的名人传记全集》[3]，知道了伽利略·伽利雷、艾萨克·牛顿、玛丽·居里、汤川秀树等科学家。汤川秀树的传记中提到，他半夜躺在被子里突然想到在原子核中存在介子这种可以传导作用力的基本粒子。这则趣闻让我感动不已，让我认识到思考的力量能够抵达自然界最高深且确定不移的客观事实。

每个月我期盼着《科学》和《学习》两本杂志早日寄来。《科学》杂志会附送可以在家做小试验或进行观测的赠品，这让爱好理科的孩子爱不释手。我按照自己的节奏，亲自动手做实验，理解了杠杆原理、浮力、电路与磁石的构造等内容。

随着学年的变化，我在自由书房流连的地方也不同。小学高年级时去一楼深处读"新书"和"文库版"的书籍，小学快毕业的时候我战战兢兢地登上二楼，浏览高中的教学参考书和专业书籍。当时心中惴惴不安，担心店员批评我乱跑乱看。孩子总是踮着脚尖想早日长大成人，自由书房的二楼就是我踮着脚尖想尽力够到的地方。我喜欢数理化，当时总是站在摆着数研出版㊀的"全解式"教辅书的书架前，入神地读着高中的数学和物理的参考书。

㊀ 全称为"数研出版株式会社"，是一家专门出版教科书与参考书的日本出版社。——译者注

　　"浏览"一词，英语里是"browse"，该词的本义是指放牧的牛、马在草原上吃草，后来衍生出了浏览、翻阅的词义。这个词既表示哗哗地翻着书页，也用来形容在书店里漫步浏览书籍。回想起来，我上小学时每天都徜徉在自由书房这片草原上。

　　去书店的乐趣之一是能够遇到意想不到的书。我有好几次随手翻翻确定要买的书附近的其他书籍，发现开启了一个全新的世界。亚马逊等网上书店确实方便，可是如果想随意浏览翻看书籍，还是去实体书店更有乐趣。

BlueBacks 和《万有百科大事典》

　　因为我从小就喜欢理科，自然会想读一读科学类的入门书籍。当时讲谈社的 BlueBacks[⊖]丛书已经占据了书店的一角，深深吸引着我。这套丛书中给我留下最深刻印象的是都筑卓司所著的《空间真是弯曲的吗——谁都能懂的广义相对论》⁴一书。这本书的封面用了萨尔瓦多·达利的《地缘政治的孩子望着新人类的诞生》这幅充满神秘色彩的画作。

　　这本书里写着"在引力的作用下空间变得弯曲""一旦进入就再也出不来的宇宙洞穴"等离奇古怪的事情，简直就像达

　　⊖　BlueBacks 是日本著名的科普系列丛书，由讲谈社于 1963 年创刊，目前累计出版品种已突破两千卷。该书系旨在用通俗易懂的方式传授最新的科学知识，采用了便于随身携带的开本，启蒙了诸多日本青少年投身科学。——译者注

利的画一样奇妙。可是这些内容又并非信口开河，有确凿的科学证据。"谁都能懂"，副标题中的这个说法倒是有些名不副实，我这个小学生完全理解不了广义相对论，可是我也从中感受到了科学的魅力。在我们的日常生活之外有一个奇妙的世界，我们能够运用科学的力量去探索这个神奇的世界。有宏伟的理论来解释这个超出日常生活的世界，这些理论作为已经确定的知识存在着。

当时我陪祖母去附近神社祈福时，总是向神明祈祷说："请保佑我看懂爱因斯坦的广义相对论。"为了理解科学理论去向神灵祈祷，这真是相互矛盾，却也体现了我想弄懂广义相对论的迫切心情。

BlueBacks 系列中另一本由都筑卓司写的书《麦克斯韦妖》[5]也充满了物理学的魅力。书中阐述了永动机不可能实现的原因，这种通过理论来证明某种事情不可行的方法让我大开眼界。另外我从这本书中学到概率的思维方式也能运用在物理学上。

通过阅读都筑卓司所著的科普书籍，我了解到物理学的定律具有普遍性，从宇宙的诞生到遥远的未来，这些定律都是永远成立的，我从中感受到了巨大的魅力。

上小学前我的祖父去世了，由此我意识到自己的生命是有限的。在反复回顾祖父去世时的情形后，我认为所谓死亡，就是永不醒来的安眠。祖父去世了，我依然活着，如果我死了，失去了意识，世界也必定运转如故。想到这些，我感到有些不可思议。

也正因此，我迷上了物理定律的普遍性。我的生命是有限的，但物理定律能够解释从我出生前到遥远的未来的宇宙中的一切事物。这个世界上存在着具有普遍性的定律，我们可以认知这些定律，我认为这十分美妙。

还有一套书也让我难以忘怀，在我的小学时它大大满足了我的好奇心。这就是小学馆出版的《万有百科大事典》。[6] 正如这套书的别称"分门别类看日本"，它没有采用百科全书中常见的五十音图索引的排列方式，而是按照学科领域划分排列。其中的"美术""哲学、宗教""日本历史""世界历史""物理、数学"等卷的内容读来引人入胜，与其说我把它当作百科辞典来用，不如说是当成书来读。

上文中回忆在自由书房的阅读时光时，曾提到表示浏览书籍的"browse"一词，其实这也是浏览器"browser"的词源。我上小学的时候并没有互联网，百科全书是为数不多的综合性信息来源之一，当时我打开的就是百科全书这个"浏览器"。我在读百科全书上某个词条的时候，也总是读一读它相邻的词条。有时会遇到一些想象不到的词条，拓宽了我的知识，这种浏览方式在网络搜索引擎这种集中于一点的检索方式下是难以实现的。

提到百科全书，我想起了 2019 年去世的默里·盖尔曼。他是 20 世纪物理学领域的大师，因在基本粒子的分类及相互作用方面的贡献而获得诺贝尔物理学奖。我在加州理工学院的办公室正是盖尔曼曾经工作过的地方，所以曾经和盖尔曼共事过的研究人员有时会来给我讲讲他的逸事。据说盖尔曼小时候就熟读《不列颠百科全书》，所有词条都谙熟于心。同事们在午餐的时候聊天，有时会就某个词条问盖尔曼："《不列颠百科全书》上是怎么写的呢？"这时盖尔曼不仅能把那个词条全文背诵出来，还能想起前后词条的内容。

我也曾反复阅读《万有百科大事典》，可还达不到盖尔曼的水平。如果《万有百科大事典》也像按照字母顺序排列的《不列颠百科全书》那样，按照五十音图顺序来排列，恐怕我连熟读都做不到。

独立思考阿基米德定律的推导

我在阅读《万有百科大事典》时，对"世界历史""物理、数学"等卷中出现的古希腊的科学家和数学家特别感兴趣。例如基于阿基米德杠杆原理的装置、应用虹吸原理的希罗喷泉，这些都是小学生可以用家里现成的东西制作的。我在读到和直角三角形边长相关的毕达哥拉斯定理（勾股定理）时，也曾尝试用词条里没有介绍的方法来证明这个定理。

在那一时期，我还读过埃拉托色尼的故事。他在夏至的正午，在赛伊尼和亚历山大港这两个地点观测太阳投下影子的角度，通过两个角度之间的差异估算出了地球半径的值。我不记得小时候在中日大厦的旋转餐厅测量地球大小时是否已经读过这个故事，也许我就是从这里受到了启发。

《万有百科大事典》的"物理、数学"卷中还有半导体、超导、核物理学等当时最前沿的知识。可是这些内容对于小学生来说并不能动手验证，只能当作读物。和这些内容不同，阿基米德、希罗的实验能在家里轻而易举地进行尝试；欧几里得的分解质因数、毕达哥拉斯的几何原理，这些都可以去探寻其中的规律。在我的小学时代，我觉得这些古希腊时期的科学和数学知识充满了乐趣，因为我能够通过动手实验、动脑思考来理解这些内容。

关于"浮力"，在家里就能做很多有趣的实验，这里我想介绍"浮力小鱼"这个实验。实验中用到的东西很简单，强烈推荐各位爸爸妈妈试一试。具体需要准备：1 升左右容量的矿泉水瓶、外卖寿司里附带的装酱油的迷你塑料瓶和迷你塑料瓶瓶口尺寸相符的螺母。迷你塑料瓶最好选择小鱼形状的，更符合"浮力小鱼"这个实验的内容。

先在矿泉水瓶子里灌水至 8 分满，拧开迷你塑料瓶的盖子，在瓶口拧上螺母。螺母用来增加重量，如果手头没有合适的螺母，也可以用铁丝或别针代替。调节迷你塑料瓶中的水和空气，让它正好能从矿泉水瓶的水面上露出一点儿。把"小鱼"放进矿泉水瓶后拧上瓶盖，捏一下瓶子中间，"小鱼"会慢悠悠地沉到瓶底（见图 1-2），松开手后又浮上水面。如果在"小鱼"身上装上一个铁丝做的鱼钩，再把玩具塑料锁链沉入矿泉水瓶底，就可以用"小鱼"钓锁链玩。

图 1-2　用矿泉水瓶、迷你塑料瓶、螺母做成的"浮力小鱼"

查阅《万有百科大事典》上关于浮力的词条，里面写着关于阿基米德定律的解说，即实验里"小鱼"受到的浮力大小等于它排开的水的重量。

推导这个定律常见的方法是把"小鱼"置换成水，这种情况下因为是把水置于水中，所以不会上浮或下沉。也就是说如果这一部分是水的话，浮力和重力是相平衡的。能理解这一点后，我们再让"小鱼"回到瓶中。因为浮力是水挤压"小鱼"表面的力，所以不论是作用于小鱼或作用于（替换小鱼的）水，应该都是一样的。因为作用于水的浮力和重力是相平衡的，那么作用于"小鱼"的浮力和作用于这部分水的重力大小是一样的。

这个解释非常巧妙。著名数学物理学家户田盛和曾以科学家的视角研究了一些常见的玩具，并以此写成著名的《玩具研讨会》[7]一书。在该书的"浮力小鱼"一节中，户田盛和介绍了上述这种解释浮力的方法，并认为这一阐述非常"优雅"。

尽管我能理解这个推导的内容，但却不太喜欢这么推导。因为它并没有回答"浮力是如何产生的？""为什么浮力和水的重量相等？"这些根本的问题。我想彻底弄懂这个问题，所以开始思索别的方法。

作用在水中物体上的力只有两个：地球吸引物体的重力和水施加在物体表面的水压。因此浮力就是水对物体各个表面产生的压力的合力。

理解事物时要做最简单的设定，这是物理学的基本做法。因为"小鱼"的形状过于复杂，我们把它换成四四方方的骰子来考虑这个问题。将骰子水平地沉入水中，此时作用在骰子前后、左右垂直侧面的水压两两抵消，只需考虑作用在骰子上下两面上的水压。水压和深度成正比，深度越大，水压越大，因此骰子下面承受的水压比上面承受的水压大。因为水的重量产生了水压，所以上下水压之差正好等于和骰子同体积的水的重量（见图 1-3）。这个压力差就是水对骰子的浮力，因此我们知道浮力等于"被骰子所排开的水的重量"。

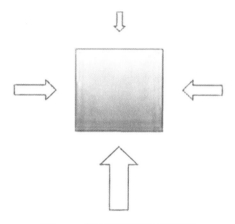

图 1-3　阿基米德原理的说明

将骰子沉入水中，作用在骰子前后左右的水压彼此平衡，骰子下面承受的水压比上面承受的水压大。这个压差正好等于骰子同体积的水的重量。

这样一来我算是真正理解了阿基米德定律。"将物体置换成水"的这一推导虽然巧妙又优雅，但我用自己的方式从本质上理解了浮力的原理。

　　根据这个方法我推导出了骰子水平沉入水中时的浮力，但是其他各种形状的物体在水中的浮力是多少呢？为什么小鱼形状的迷你塑料瓶受到浮力的大小等于塑料瓶所排开的水的重量？想要解释这些问题，需要用到高中的数学知识——"积分"。不论什么形状的物体，都可以细分为无数小立方体的集合，所以同样可以用作用于立方体的浮力来解释。当然我在小学时代还远不能想到这一点，但也隐约觉得这和微积分知识有关联。这一系列的思考让我深深体会到独立思考的乐趣。

挑战解读"从天上寄来的信"

　　升入中学后，"算术"课变成了"数学"课，学习方法也随之发生了变化。因为我曾在《万有百科大事典》上读过与古希腊数学知识相关的内容，知道证明定理时的严密论证方法。可是一到期末考试，需要在有限的时间内解决具体问题时我就不太擅长了。因此初中一年级时我的数学成绩并不好。

　　我在初中二年级时找到了学数学的感觉，当时数学老师每周都发油印的数学谜题给我们。这并不是数学作业，主要是鼓励对数学感兴趣的同学挑战一下，老师会认真批改我们交上去的解答。在这些数学谜题中，有些题只要按顺序尝试各种组合就能解出来，例如给算式中空白的地方填上合适的数字。而有些几何题，添加一条辅助线就能让人豁然开朗。我如痴如醉地做着一道道数学谜题。有时感觉听懂了某个抽象知识，可在运用这个知识解决实际问题时，还需要从各个方面反复思考，最终加深了对数学知识的理解。通过做这些难题，我也养成了全神贯注思考问题的习惯。

上初中时，我不仅阅读面向孩子的科普书籍，也开始读科学家自己撰写的著作。其中中谷宇吉郎写的《雪》[8]就给我留下了很深的印象。中谷于 1936 年造出人工雪，是世界上第一位在实验室中人工合成出雪结晶的物理学家。他将自己在北海道进行相关研究的经过及结果通俗易懂地写成了《雪》这本书。《雪》是岩波新书系列于 1938 年创刊时出版的首批 20 种图书之一，之后持续畅销。1994 年，"中谷宇吉郎雪科学馆"在中谷的出生地石川县加贺市开馆，《雪》这本书被收录进岩波文库系列，以新字体、新假名用法排版再次出版⊖。

该书中"雪是天上寄来的信"这句话家喻户晓，想必很多读者都听过。读完《雪》这本书，才能理解这句话的真正含义。在此请允许我引用该书最后一章"造雪的故事"里的部分内容。

> "我们应该认识到，雪在高空形成核心部分，在
> 从高空降落穿越大气圈的各层时以不同的方式增大，
> 变成复杂的形状最终落到地面。因此如果能够了解雪

⊖ 旧式的日文教科书与文书多用片假名排版，二战后，随着外来语词汇的增多，日文教科书开始转变为平假名排版，片假名仅用于表示外来语。——译者注

的结晶形状和花纹是在怎样的条件下形成的，那么看到雪的结晶的显微镜照片，就能看出从高空到地表的大气构造。如果能够人工制造出雪的结晶，制造出自然界能见到的所有种类的雪，那么从实验室里测得的数值也能反向推导出该形状的雪在降落时的天空气象状态。"

这就是中谷想要尝试人工制雪的原因。他在书中还这样写道：

"**由此可见，雪是天上寄来的信。**这封信是由结晶的形状和花纹等密码写成的，研究人工雪，就是在解读这些密码。"（黑体由笔者所加，以示强调）

中谷用人工制雪的实验揭示了空气的温度和湿度如何影响雪结晶的形状。基于这一试验成果的"中谷图表"（Nakaya Diagram ⊖）今天依然是该领域的基础知识，这张图表能从结晶的形状推断出大气层的温度和湿度，是帮助解读"天上寄来的信"的密码簿。

《雪》这本书栩栩如生地描述了中谷如何殚精竭虑地解读天上寄来的信，以及如何勇于开拓当时还比较冷门的雪这一领

　　⊖　中谷图表是表示雪结晶的形状和气温以及水汽量（过饱和度）之间关系的图表，由中谷宇吉郎于1936年根据人工制雪实验数据绘制。——译者注

域。我被中谷这种锐意进取的精神所感染，感到科学研究是一场美妙的探险。

在我任所长的东京大学科维理数学物理学联合宇宙研究机构的研究大楼中，3 层到 5 层是挑空设计的交流广场。在交流广场的中心有一根柱子，如方尖纪念碑一般矗立着，上面刻着一句话：

L'universo è scritto in lingua matematica

这句话是意大利语，意思是"宇宙这本书是用数学语言写成的"。这句话引自伽利略的《试金者》(*The Assayer*)[9]一书。"为懂得宇宙这本大书，人必须首先懂得它的语言和符号，它是以数学的语言写成的"。伽利略的这句话和中谷在《雪》一书中的"这封信是由结晶的形状和花纹等密码写成的"有异曲同工之妙。不论研究雪还是研究宇宙，科学都是解读大自然密码的工作。

大学毕业前的三个学习目标

日本实行九年制义务教育，对于继续升入高中和大学的人来说一共有 16 年的学习时光。我们要在学习方面投入这么多的时间，应该认真想想学习的目标。

欧美的教育中有"博雅教育"（liberal arts）的传统。这一传统始自古希腊、古罗马时代，"liberal"意为自由，即不被奴役的状态。"liberal arts"是指能够以自己的意志开拓命运的自由人所应具备的素质。

古时的博雅教育主要修习"七艺"，包括：培养合理思维方式的算术、几何学、天文学，培养雄辩术的辩证法（逻辑学）、语法、修辞学，以及音乐共计七门课。能够独立且合理地思考，并能将自己的想法以富有说服力的语言阐述出来，可以认为这是成为自由人的必要条件。

参考以上这些内容，我认为到大学毕业为止的学习有以下三个目标：

1. 培养独立思考的能力。
2. 掌握必要的知识和技能。
3. 提高表达能力。

第一个目标和第三个目标沿用了博雅教育的内容，第二个目标是这两个目标的基础。

日本的《教育基本法》第一条中明确指出：教育的目的是"完善人格"及"培养作为和平、民主之国家和社会的一员而具备必要素质的身心健康的国民"。想要民主主义发挥作用，国民就不能只是被动接受强加给自己的结论，而应具备独立思考和判断的能力。另外我们身处互联网信息洪流中，如果想要抓住事物本质，创造新的价值，拥有独立思考的能力尤显重要。这也正是我提出的第一个目标。

学习数学就是培养独立思考能力的过程。数学不仰仗权威和宗教，学习如何运用被普遍接受的定理来发现客观事实。我想也正是这个原因，博雅教育的七艺中包含了算术和几何两门课。

第二个目标"掌握必要的知识和技能"作为教育目标还是比较容易理解的。如果没有知识的积淀，独立思考只能流于浅薄的见识。另外，学生毕业后想要做一些真正对社会有所贡献的工作，也需要相应的知识和技能。

我们在学校学习之外，还从各种书中学习。在没有互联网的时代，书店里汇集了这个世界上的所有知识，在等待我去探索发现。加州理工学院的校训是"真理使人自由"，这句话出自《约翰福音》。当我在加州理工学院当教授时听到这句话时，不禁想起了柳濑的自由书房。了解了真理，才可以成为按自己的意志开拓命运的自由人。自由书房是名副其实的让我获得自由的地方。

第三个目标"提高表达能力"是日本教育的弱项。时有耳闻，日本人由于不擅长英语，而在某些国际场合吃了亏。但我想说的不仅是英语教育，而是应该全面考虑如何培养包括语法在内的整体语言能力。这个问题十分重要，我将在本书的第3章中"彻底训练语言能力的美国教育"一节中进行阐述。

以上三点是大学毕业前的学习目标，如果进入研究生院则又有不同的学习目标。我将在本书第2章的"研究生阶段应当具备的三种能力"一节中介绍相关内容。

专栏·伴我四海漫游的"纸书"

　　因为我从小在书堆中长大，所以上大学时带了 1000 册书去京都大学，在研究生毕业时，我的书变成了 5000 册。我会反复阅读喜爱的书，所以本书中出现的书籍都曾伴我在日本和美国的大学间迁移，一起横渡了 4 次太平洋。

　　这些与我共度旅途的书中有一半是数学和物理等自然科学方面的专业书，另一半是文学、艺术、哲学、历史、社会科学等文科类书籍。即便是在日新月异的数学和物理学领域，经典著作依然是不可或缺的。因为经过证明的数学定理、通过实验和观测验证的物理学理论为知识的发展奠定了基础，将来也不会被推翻。例如牛顿力学的基本内容从 17 世纪起就已经确立，时至今日依然揭示着自然界的某些客观事实。阅读数学和物理学的经典著作，能够获得最新的教科书上所没有的深刻洞察。

　　我最近践行"断舍离"，整理了藏书，也开始阅读电子书籍。电子书籍方便实用，我身在加州也可以随时买到想读的日语书籍，旅行时带多少本都不会增加行李的重量。可是纸质书也有不可替代的优点，纸质书可以快速翻书页寻找信息，还能同时翻开几本书对照着读。

　　我的女儿虽然属于数字原生代，但也会每天把厚厚的几大本教科书塞进包里到处跑。她刚升入美国东海岸的寄宿制高中菲利普斯埃克塞特学院（Phillips Exeter Academy）时，校方要求家长给孩子准备一台上课用的平板电脑，可是只用了一年就发现并不实用，第二年就没有再用了。当时很多家长觉得花了冤枉钱，颇为气愤。

　　听别人讲话时辅以记笔记就能清楚彻底地把信息记住。眼睛看着对方，一边听一边动手记笔记，这样信息就能通过多种渠道进入大脑，思维也很清晰。

　　在下一章的"弗罗贝尼乌斯定理⊖与快餐荞麦面"一节中会出现关于弗罗贝尼乌斯定理的证明。我至今都清楚地记得这个定理的证明，是因为这段记忆和隆冬季节米原车站的凛冽寒意、白雪皑皑的景色，以及车站里无座位式快餐店的荞麦面的香气交织在一起。同样，书籍也不仅仅是铅字所代表的信息的集合，装订、插图、纸张的手感都不可或缺。我只要拿起一本反复阅读过的书，立刻就能回忆起熟悉的段落。

　　纸质的书籍还利于长期保存。几年前我家附近的亨廷顿图书馆（The Huntington Library, Art Collections and Botanical Gardens）举办了阿基米德的专题展。展品中有一封公元前三

　　⊖　弗罗贝尼乌斯定理（Frobenius theorem）是微分几何的定理，基本内容为对合分布为完全可积分布。——译者注

世纪阿基米德写给埃拉托色尼的信，信中讲解了数学的积分学方法[⊖]。这封信在罗马帝国覆灭后辗转至东罗马帝国，在十字军洗劫君士坦丁堡后不知所终。大约 20 年前，这封信又出现在佳士得拍卖会上，后经慈善人士捐款终得修复。我上小学时在《万有百科大事典》上知道了阿基米德这个名字，现在我在每日的研究中都要用到阿基米德发明的积分学的方法。当我在亨廷顿图书馆的展览上看到这封信时，感觉阿基米德跨越了 2300 年的时空与我对话。

像我这样进行数学或物理方面研究的人，致力于揭示不论在 2300 年前还是在当下，不论在宇宙的哪个角落都成立的客观事实，并期待着自己的研究终能为人类做出贡献，因此我们都很关注自己的研究成果是否能够好好地传承下去。目前在数学和物理学领域，将论文的电子版上传至数据库已经是发表研究成果的标准动作，所以身处世界各地都能得到最新的研究成果。可是谁也不能保证现在使用的数据形式在经过了几代人后仍然能被解读出来。另外据说全世界的数据中心所消耗的电力已经占到总电力消耗的 1%。作为可持续的记录媒体，目前看来纸质书仍是最佳选择。

⊖ 这封信中集中阐释了发现求积公式的方法，这种方法实质上是一种原始的积分法，真正的微积分完善要等到牛顿的时代。——译者注

2　锻炼思维方式

在应试策略中与古代哲学家相遇

　　我在初中阶段养成了全神贯注学习的习惯，而且从来不参加校外补课，所以进入高中后在完成校内学习任务之余有很多可自由支配的时间。于是我开始读各种各样的书，基于高考的应试策略，我读起了哲学类书籍。

　　在我参加高考的前一年，日本开始推行第一阶段学术能力联考⊖。在此之前高考是各大学单独命题进行选拔，自此之后变成了所有国立、公立大学联合考察选拔的制度。我正好赶上这个制度实施的第二年，只能靠自己摸索来准备考试。我听说在"社会"这一科中选考"伦理、社会"这门课比较容易拿分，于是就选了"伦理、社会"，开始学习属于该课程的哲学史。

　　⊖　日本于 1979 年开始推行第一阶段学术能力联考制度，考试科目为语文、数学、理科、社会、英语 5 科 7 门（理科和社会 2 科各选考 2 门），学生基于第一阶段考试成绩选择国立、公立大学填报志愿，并参加第二阶段考试（主考试），最终确定录取与否。——译者注

　　虽说这是基于应试做出的选择，但是能够遇到分属不同流派的哲学家是十分愉快的体验。小学的时候我通过读《万有百科大事典》，了解阿基米德等古希腊科学家的名字，所以对古希腊的哲学家们也怀有一种亲近感。古希腊哲学中我认为最有趣的是柏拉图的《高尔吉亚篇》[10]（Gorgias）。当时雅典采用的是民主政治，有一群能言善辩、善于说服他人的"智者"（Sophists），他们十分活跃，高尔吉亚就是其中之一。在柏拉图的这本书中，苏格拉底与高尔吉亚、高尔吉亚的门徒波卢斯以及卡利克勒斯展开辩论。这本书不仅有哲学方面的内容，亦可作为对话形式的戏剧来欣赏。

　　高尔吉亚认为说服他人的雄辩术能够"给自己带来自由"并"统治他人"，是"真正意义上最大的善"。苏格拉底明确指出雄辩术有可能沦为不义的工具。

　　卡利克勒斯在辩论的后半程出场，这部分辩论个性鲜明，引人入胜。卡利克勒斯在雅典是典型意义上的强者，他直言不讳："强者统治弱者并获得更多。"据岩波文库系列的解说，卡利克勒斯的理论是"欧洲文学中最为口若悬河、冠冕堂皇地宣扬道德败坏者立场的内容"，尼采的思想也从中受到了影响。现实政治的代表者卡利克勒斯与哲学家苏格拉底的较量十分精彩。

　　《高尔吉亚篇》一书中讨论的"民主主义下如何控制宣传的力量""在传统规范崩溃后的社会中如何重建道德"等话题

今天看来仍有现实意义。

　　苏格拉底和卡利克勒斯对话的中心是人应当怎样度过一生这个问题。关于这个问题，苏格拉底接受死刑判决时为自己的清白申辩，即《苏格拉底的申辩》中有一句著名的阐述，"未经反思的生活是不值得过的"。岩波文库系列将《苏格拉底的申辩》和《克里托篇》[11] 放在一册书中出版，《克里托篇》中也指出，"真正要紧的事情不在于活下去，而在于活得好"。这句话的背景是苏格拉底将被处以死刑的前夜，他的幼时好友克里托赶来劝他越狱逃亡，苏格拉底就是这样拒绝了越狱的建议。

　　我上小学时在《万有百科大事典》上遇到的古希腊的科学家们致力于用理性的力量去探索大自然的构造，苏格拉底运用这一方法思考人该如何生活。在古希腊，苏格拉底可能是第一个这样做的人。以往人们总是向宗教寻求这个问题的答案，苏格拉底第一次将理性的光芒照向了这一领域。

　　距今 2500 年前，古希腊的苏格拉底、中国的孔子、印度的释迦牟尼在 100 年内先后出现在历史舞台上。他们是与以往截然不同的思想家，他们观察理性的作用，对此进行深入思考，进而对我们人类在这世界上占据什么位置、我们该怎样度过一生这类问题有了深刻的洞察。在他们出现之前的思想和宗教只适用于特定的民族，苏格拉底、孔子、释迦牟尼超越了狭隘的区域性的兴趣，将目光投向人类全体的普遍性的问题。

为什么他们会在同一时期出现，这是历史上的一个不解之谜。可是在科学研究的领域，也常有在不同的地域同时出现的新发现。著名的例子有牛顿和莱布尼茨同时发明了微积分，达尔文和华莱士同时提出了自然选择的学说。这些学者之间虽然没有直接的交流，但他们身处同一时代，如果有相同的问题意识，解决问题的技术手段一旦成熟，新的发现就会在不同地区同时出现。我不敢自比牛顿和达尔文，但每当自己的重要研究临近完成时，我也总是惴惴不安，担心别的研究者也想到了同样的问题。

苏格拉底、孔子和释迦牟尼分别生活在古希腊、中国、印度这些古代文明高度发达的地区。在这些地区，生产技术的发展提高了人们的生活水平，促进了文明间的交流，所以在同一时期这些地方具备了出现思考人类普遍问题的思想家的客观条件。

古希腊哲学的书让我爱不释手，所以我又读了一些近代的哲学书籍。

笛卡尔找到的探索真理的方法

勒内·笛卡尔（见图 1-4）被称为近代哲学的始祖，他还发明了直角坐标系，这也是中学数学的重要内容。笛卡尔的思维方式颇为理性，对于喜爱理科的我来说易于接受。

图 1-4　勒内·笛卡尔（1596—1650）

17 世纪，新教与天主教作战的三十年战争爆发了，笛卡尔在从军途中驻扎在德国多瑙河畔的村庄里，他的著作《谈谈方法》[12] 就始于此。笛卡尔继承了父亲的遗产，因而不必工作就可衣食无忧。他作为志愿兵入伍参战，在军队中可以自由行动。他在驻扎地"整天待在暖房里潜心思考"。青年军官笛卡尔结束潜思从暖房中出来时，已变身为哲学家。

《谈谈方法》一书中介绍了笛卡尔的思想，同时还讲述了他自身的成长历程，是一本比较容易读的哲学经典著作。

书名中的"方法"特指探索真理的方法，这本书出版时的全名是《谈谈正确运用自己的理性在各门学问里寻求真理的方法》，是笛卡尔写在屈光学、气象学、几何学三篇科学论文之前的序言。有关直角坐标系的想法就出现在笛卡尔的几何学的论文中。

笛卡尔"幼年时起就广泛汲取书籍中的知识"，在"欧洲最著名的学校之一"学习。可是他体悟到"书本上的学问既然是由多数人的分歧意见逐渐拼凑堆砌而成的，那就不能像一个有常识的人对当前事物自然而然地做出的简单推理那样接近真理"。笛卡尔为了在"世界这本大书"里学习，加入了荷兰军队，在各国游历。

笛卡尔基于自身的这些体验，下决心只基于自己的常识，"好像一个在黑暗中独自摸索前进的人似的，慢慢地走"。

笛卡尔找到的探索真理的方法由"自明""分析""综合""枚举"这四项规则组成。书中这部分章节为人熟知，想必很多读者都知道。

> "第一条是：凡是我没有明确地认识到的东西，我决不把它当成真的接受。"

> "第二条是：……尽可能地……分成若干部分。"

> "第三条是：按次序进行我的思考。"

"最后一条是：在任何情况之下……都要尽量普遍地复查，做到确信毫无遗漏。"

在第一条关于"自明"的部分，是指"不能轻易认为自己明白了"。真理本身是清晰而明白的，不可再怀疑的。要达到如此高的理解程度，需要借助"分析""综合""枚举"这三种方法。首先将事物尽量细分，进行"分析"，然后将其按照顺序进行"综合"，进而毫无遗漏地以"枚举"的方式来复查。

笛卡尔在数学的启发下创造出了这些规则。他在书中写道："几何学家通常运用一长串十分简易的推理完成最艰难的证明。这些推理启发我想到这些内容。"也就是说笛卡尔将数学的方法运用到哲学方面，得到了《谈谈方法》中的四条规则。我作为一名理科生顺理成章地理解了这种思维方式。

笛卡尔和伽利略是同时代的人，笛卡尔目睹了 17 世纪的科学革命，因此对自然科学也有很深的考察。在《谈谈方法》一书的第五部分，他不仅谈到了物理学和天文学，还就化学、生理学和心理学展开了论述。

假设有一个模仿人的机械，那么我们如何判断它是不是真正的人？笛卡尔就此问题也展开了思考。通过观察什么可以判断智能存在与否呢？在计算机理论方面做出重大贡献的艾伦·图灵在 1950 年发表了论文《计算机和智能》，文中也谈到了这个问题。而基于这一论文提出的解决方法就是著名的"图灵测试"。如何区分人和机器？如何定义智能？随着 AI 技术的不断发展，这些已成为极具现实意义的问题，而笛卡尔在四个世纪前就已经开始思考这些问题了。

可是《谈谈方法》这本书中也有一些内容是我无法理解的。众所周知，笛卡尔将"我思故我在"这一命题作为哲学的首要原理和认识论哲学的起点。这部分内容我是能够理解的，可是运用上述内容来证明神的存在，我就难以赞同了。

笛卡尔说："明白、显然的观念均为真，这是一般规则。"可是有观念未必就有与之对应的实体。有时被人创造出的观念独立出来自行发展，反而又束缚了人们的思想。另外所谓"明白""显然"比较主观，作为真理的判断标准恐怕不够全面。

康德的《纯粹理性批判》难以令我信服

若说哪些哲学著作无法令我信服，首先就是高中时代读过的伊曼努尔·康德的《纯粹理性批判》[13]。

康德在这本书中发问，"我们能知道些什么？""神是否存在？""人拥有自由意志吗？""灵魂是否永生？"对这些问题的探讨从古代就开始了。康德试图用理性的局限性来论证人类不可能具备回答上述问题的能力。我因为不认同笛卡尔对神的存在所做的证明，想了解康德如何考虑这些问题，于是读了这本书。

康德为了给形而上学奠定理论基础，主张"先天综合判断"是可能的，并且从数学和物理学领域举了"先天综合判断"的例子。可是这和我对数学、物理学的理解有所不同。

所谓"先天"（a priori）是指不基于经验得出。例如数学领域的判断就不是基于经验得出，是先天的，对于这一点我是赞同的。

"综合判断"是不包含于讨论的前提中的判断。康德认为："数学的判断全部是综合的。这一命题具有不可辩驳的确定性并且就结果而言非常重要。"

康德举出了欧几里得几何学中的定理来论证数学的判断是综合判断。可是欧几里得几何学中的定理是由公理经逻辑推导得来的。如果改变公理，就能推导出三角形内角和不等于 180 度这一非欧几里得几何学的定理。这样的非欧几里得几何学也有可能存在，说明几何学原理并非综合判断。

另外，康德将物理学的"质量守恒定律"看作"是必然的、先天性的命题，这是明白清楚的"。可是根据爱因斯坦的相对论理论，质量并非永远守恒，质量可以转化成各种形态的能量。质量守恒定律不过是在我们日常生活中近似成立的定律。

如果离开日常生活这一场景，例如在原子弹爆炸、黑洞融合等现象中，质量并不守恒。质量守恒定律不是先天判断，而是从我们的经验推导出的判断。

我上小学时读过 BlueBacks 丛书中《空间真是弯曲的吗》这本书，所以知道非欧几里得几何学和相对论的一些知识。这些都是在康德逝世后出现的新知识，所以以此去批判康德可谓胜之不武。可是康德认为，"形而上学……纯粹是由先天综合命题组成的"，并且"纯粹理性的真正课题就包含在这一问题中：先天综合判断是如何可能的？"康德还写道："形而上学的成败就基于这一课题能否顺利得到解决。"可是如果作为论证"先天综合判断是可能的"这一核心主张的论据而提出的数学、物理学的例子都有谬误的话，这对康德的论证而言是致命性的问题。

哲学和科学的交流中孕育出新的世界观

虽说我对笛卡尔和康德的著作中有些内容持不同意见，但读他们的书，能够感到他们对当时科学、数学领域最新研究成果的好奇心，以及要将这些成果引入自己的哲学研究中的积极态度。科学家们从牛顿力学出发，揭示了行星的运动。这一系列的成功，给当时的人们展示了看世界的全新角度。笛卡尔和康德的哲学正反映了这种科学的世界观，同时他们的哲学也影响了 19 世纪的热力学和统计学、20 世纪的相对论和量子力学的发展。

与此相对，现在哲学和科学的关系十分疏远，原因之一是后现代哲学的影响。例如后现代哲学家们认为："科学家们所宣称发现的自然界的法则不过是社会性的结构产物，没有任何超越社会性、文化性的客观意义。"

在后现代哲学的先驱——结构主义的阶段，哲学和科学之间还是有交流的。例如克洛德·列维-斯特劳斯在《亲属关系的基本结构》[14] 一书中，运用数学的群论思想分析了澳大利亚原住民摩恩金人（Murngin）的婚姻制度，作者在群论运用方面得到了当时顶尖的数学家安德列·韦依的帮助。另一方面结构主义的思维方式也深深影响了法国的数学团体布尔巴基（Bourbaki）学派的活动。可是像这样数学和哲学的有意义交流在结构主义发展的过程中逐渐丧失了。

在科学领域，随着专业细分化，有时也越发忽视了各领域之间的交流。

可是进入 21 世纪以来，随着量子物理学、粒子物理学、天文学等学科的发展，向哲学提出了新的问题，其中孕育着许多跨越了科学和哲学界限的新课题。

波恩大学的哲学家马库斯·加布里尔以《为什么世界不存

在》[15]（*Warum es die Welt nicht gibt*）等著作为日本读者们所熟知。我担任所长的东京大学科维理数学物理学联合宇宙研究机构与马库斯·加布里尔所在的研究所签订了交流协定，旨在推进和哲学家们的交流。2019 年秋天，马库斯·加布里尔在纽约大学担任客座教授时我们进行了交流协定的签字仪式。签字仪式结束后我们在格林威治村的咖啡馆畅谈，希望能够"从现代科学的视点重新审视哲学经典问题，构筑 21 世纪的新形而上学"。

我衷心期待能够像笛卡尔和康德的时代那样，哲学和科学的交流带来新的世界观，并进一步推动科学的发展。

什么决定了研究的价值

我在阅读哲学书籍之外，也读了一些数学家和物理学家的著作。其中法国著名数学家昂利·彭加勒所著的《科学与方法》[16]一书给我很多启迪。在该书的结尾部分，作者提出了一个重要的问题：为什么有的发现带来了巨大的效益，而有的发现并非如此？

各个领域都有丰富多彩的研究成果，为什么有些论文没有读者，被埋在故纸堆里；有些论文孕育了崭新的研究领域，甚至具有变革社会的巨大影响力。这种巨大的差距源自哪里？

对于科研工作者来说，昂利·彭加勒（见图 1-5）提出的这个问题不免让人心中一惊。对于憧憬着科学家职业的高中生来说也是一个极其意味深长的题目。如果自己以科学研究作为职业，应该进行怎样的研究？什么样的研究是有价值的？怎样才能进行具有较大效益的研究？

图 1-5　昂利·彭加勒（1854—1912）

　　关于发现的价值，昂利·彭加勒进行了如下的比较（以下内容由 Thomas Nelson & Sons 的英语版翻译）：

　　"有些发现只介绍了某些特定事实，并不产生新的东西。……而有些发现揭示出新的规律，带来了巨大的效益。对研究者来说，只要不是必须做出选择，就应该致力于后者的研究。"

昂利·彭加勒还说："如果科学朝着这个方向发展，将它们结合起来的东西会更加鲜明地呈现出来，我们也能够窥见普遍科学这幅地图的全貌。"

随着研究的深入，学科领域必然走向细分化和专业化。能够在分化的各领域间构建新联系的发现是能够带来巨大效益的。

彭加勒从发现普遍性规律一事中看到了科学的价值。因为具有普遍性的发现影响深远，能促进广泛领域的发展，为整个科学领域做出巨大贡献。

彭加勒将其比喻为"涌出山泉，灌溉了四大盆地的圣哥达山口"。具有较高普遍性的发现像广阔的山坡，跨越各领域的界限，不断延展。在谷歌搜索中，和其他网站有链接的网页会被排在前列。研究也是同样，和广阔领域有连接的、具有较高普遍性的发现更有价值。

彭加勒的想法一直在我脑海中回响。每当我着手进行一个新的研究课题时总会问问自己："这项研究具有普遍性的价值吗？能在更广泛的领域带来大的影响吗？"作为科学家想要开展具有较大效益的研究，就应该具备这样的态度，这是我从彭加勒那里学到的。

从物理学、数学的历史中学到的东西

我在高中的第一阶段学术能力联考时，"社会"这一科中选考了"伦理、社会"这门课，由此为契机我了解了许多哲学家的思想，受益匪浅。可是当时因为"世界史"这门课难拿高分，我便敬而远之，后来颇为后悔，因为从历史中能学到很多东西。

虽然我没有选考"世界史"这门课，高中时我也读了不少历史方面的书。下面介绍一些关于物理学史和数学史的书籍。

物理学史方面介绍朝永振一郎所著的《物理是什么》[17] 这本书。朝永振一郎逝世于 1979 年，在他生命的最后一刻还在为此书笔耕不辍，遗憾的是下卷终未完成。该书的上下卷都是在我高三那年出版的。

牛顿总结出了物体运动的三个基本定律和万有引力定律，由此建立了系统的经典力学理论。在此后两个世纪的时间里，物理学的基本课题是研究行星的运动等"物体的运动"。

可是物理学是运用"回到基本原理进行思考"这一方法来认识所有自然现象的科学。进入 19 世纪，对"热现象"的认识成为物理学的一个重要问题。提出这个问题的时代背景是工业革命。如何提升蒸汽机的能效？为什么炼钢厂里钢水颜色会随着温度变化？物理学家们力图以"回到基本原理进行思考"的方法来解答这些问题。

为此需要重新思考"热""温度"等已熟知的概念，还需要"熵"这种全新的概念。为了从微观分子的角度解释热现象，催生了统计力学这一全新的研究领域。《物理是什么》下卷第 3 章"热的分子运动论的艰辛之路"是朝永振一郎留下的绝笔。在这一章中朝永用生动形象的笔触介绍了 19 世纪物理学家们为了揭示热现象而进行的艰苦卓绝的研究。该章结束于"20 世纪的大门"这一节，结尾写着"1978 年 11 月 22 日，于病房中口述"。

朝永在该书的最后一章中所讲述的热力学的发展与 20 世纪量子力学的诞生息息相关。事实上，量子力学创始人马克斯·普朗克是热力学研究方面的大家，他于 20 世纪前夜的 1900 年[○]提出量子理论。

关于数学史上的名著，我想谈谈高木贞治的《近代数学史谈》[18]。高木贞治是日本近代数学的开创者，毕业于旧制岐阜寻常中学[○]，是我的母校岐阜高中的前身，因此我们高中的图书馆里摆放着一座高木贞治的胸像。岐阜高中人才辈出，校

○　20 世纪的第一年应当是 1901 年。——译者注
○　日本的寻常中学是明治时期根据 1886 年的《中学校令》设置的中等普通教育机构，修业年限 5 年。——译者注

友中不乏县知事和国会议员等人物，但是学校选择摆放数学家的胸像作为知名校友的象征，这让我很欣慰。

《近代数学史谈》这本书中介绍了 19 世纪的数学历史，还绘声绘色地描写了在椭圆函数的研究领域，数学家阿贝尔和雅可比展开的你追我赶的精彩竞争。椭圆函数在超弦理论的研究中经常出现，我了解到阿贝尔和雅可比研究椭圆函数的背景知识，对这个函数生出不少亲近之感，这些方法也促进了我的研究。

埃里克·贝尔写的《数学大师：从芝诺到庞加莱》[19] 也是一本很有趣的书。据说有位著名的数学家就是年少时读了这本书，深受鼓励而选择了数学研究的道路。不过本书作者有时为了追求可读性而夹杂了一些不合史实的小故事，所以如果作为研究文献恐怕就不太靠得住。

物理学和数学的历史的学习，对我后来的研究很有裨益。我们也要注意不要从历史中汲取错误的教训。

关于这一点，我想介绍大约 10 年前读过的一本书。历史学家加藤阳子把给高中生做讲座的内容结集成册，出版了《日本人为何选择了战争》[20] 一书。作者考虑到讲座的受众是高中生，所以在进入正题之前讲了讲"为什么要从历史中学习""如何运用历史的知识"等内容。

如果对过去历史的认知有偏差，就会导致在重要决策之时进行错误的类比和推论，因此广泛地学习历史，深入思考是十分重要的。

哲学和历史为什么重要

我在高中的时候读了很多哲学、历史等人文领域的书籍，哲学和历史与自然科学有密切的联系。

科学（science）的研究过程是基于实验和观察提出假设，通过验证假设积累正确的知识，近代以后这一流程才确立下来并被广泛使用。在此之前，研究自然有两条路径：自然哲学（Nature Philosophy）与博物学（Natural History）。

例如牛顿发表经典力学理论体系的著作叫作《自然哲学的数学原理》。书名中之所以有"哲学"一词，是因为不仅仅观察大自然，还要探索这些现象的原因和构造，以及背后的原理。基于基本原理的普遍性认识是物理学的研究方向，因此直到 19 世纪，物理学也时常被称为自然哲学。

我的挚友卡姆朗·瓦法会在后面的章节中出现，他是哈佛大学的霍利斯教席的数学和自然哲学教授。这一教席设立于 1727 年，是美国最早的自然科学领域的教授职位。虽然名为"数学和自然哲学"，其实是由数学家和物理学家担任的。从中我们能看出在设立该教职的时候，物理学还被称作自然哲学。

自然哲学追求对大自然的普遍认识，博物学旨在通过观察增加与大自然相关的知识。比如"Museum of Natural History"是以展示动植物、矿物标本为主的科学博物馆。

"History"一词，我们翻译为"历史"，所以看到自然博物馆的英语是"Museum of Natural History"会不会感到有些奇怪呢？其实"History"和"Story"的词源是相同的，都来自希腊语"ίστορία"。该词本义比较宽广，指"对事物的记录或描述"。15世纪以来语义变窄，特指"过去的事情"，又省略了开头的字母"hi"，词形变短后产生了"Story"一词。博物学作为"记录和描述大自然的学问"，诞生于古希腊时代，所以这里"History"一词用的是该词的本意，博物学就是"Natural History"。

博物学的多样性指向与自然哲学的普遍性指向是科学发展的两大方向。例如生物学研究各种生物的固有特性，具有博物学的倾向。同时"分子生物学的中心法则"揭示了遗传信息从DNA传递到蛋白质的转录、翻译过程，是一条适用于小到细菌大到人类的基本原理。物理学的基本研究方法是回到基本原理进行思考，可以说是继承了自然哲学的普遍性指向的学问。但是凝聚态物理学主要研究各种物质的性质，关注自然现象的多样性。

在我执教的加州理工学院，有两位伟大的理论物理学家，他们推动了20世纪后半叶基本粒子理论的发展。一位是曾在前文"BlueBacks 和《万有百科大事典》"一节中出现过的盖尔曼，另一位是后文中会介绍的理查德·费曼。盖尔曼能背诵全卷的《不列颠百科全书》，他以基本粒子及相互作用的分类方面的贡献而获得诺贝尔物理学奖。这些都表明他是一位博闻强记，注重自然界多样性的学者，盖尔曼和我交谈时也曾提到过这一点。费曼将电磁学和量子力学统一起来，并以此成就获得了诺贝尔物理学奖，他是一位立志于揭示物理基本原理的科学家。在加州理工学院费曼和盖尔曼的两间办公室紧挨着，但是他们的研究风格截然不同。

哲学和历史代表了探索知识的旅途上两种不同的路径，我在高中时代能够邂逅两个领域的众多好书，感到幸运之至。

罗马皇帝留下的话语

我在高中时代也读了不少文学作品。其中之一是丸谷才一的芥川奖获奖作品《残年》[21]。这部短篇小说开头一句是和泉式部的和歌：

"今年余日已无多，日暮**残年**失魂魄，凄然难言说[一]"。

[一] 和歌译文引用自上海译文出版社 2021 年版的《新古今和歌集》，"残年"上的黑体字为原书作者添加。——译者注

这部小说中的出场人物是大城市中的专业人士，书中简练而充满知性的对话深深吸引了我这个乡下的高中生。书中的上原医生爱读《冥想录》，此书的作者是公元 2 世纪的古罗马皇帝马可·奥勒留，他也是一位斯多葛派的哲人。《残年》中英语文学学者鱼崎对上原调侃说"因为你是一个禁欲主义者"，随之向他推荐了这本书。禁欲主义（stoic）一词正是源自斯多葛派的禁欲主义哲学。

罗马帝国的五贤帝时期是罗马的黄金时代。马可·奥勒留作为五贤帝时代的最后一位皇帝，在他统治时期遭遇了饥荒、瘟疫和外族入侵等多次危机，罗马帝国由此走上衰亡之路。为此他并不能气定神闲地投身于心爱的学术之中，他在鞍马劳顿中记录下自己的所思所想，这就是《冥想录》。

小说中丸谷才一引用了《冥想录》中的一节：

> "昨天是一滩黏液，明天便成为一个木乃伊或是一堆灰。按照自然之道去排遣这短暂的时间吧，漂漂亮亮地走向这旅途的尽头，像一颗橄榄烂熟落地一般，赞美那在底下承托着的大地，感激那令它滋长的万物。"⊖

⊖ 本段译文引自万卷出版公司版《沉思录》。——译者注

这段话给我留下了深刻的印象，我也去读了奥勒留的《沉思录》[22]。这和丸谷才一在小说中提到的《冥想录》是同一本书。该书的岩波文库系列版是由精神科医生、著名随笔作家神谷美惠子从希腊文直接翻译过来的。书中有这样一些话语：

> "困扰人的问题大多源于不能认识世界本真的样子。"

> "按照自然法则，遵循自己的理性活在当下的每一个时刻。"

> "不了解宇宙是什么的人，也不知道自己身在何处。"

我一直都想用科学的方法去理解世界，这些话深深打动了我。有些哲学史的书上说奥勒留是斯多葛派忠实的弟子，在思想上没有太多新的贡献。可是奥勒留勉力支撑着遭遇重重危机的罗马帝国，他在保卫祖国的戎马生涯中写下的这些话语自有一番令人信服的力量。

《沉思录》中写道："在一生中做每一件事都像是做最后一件事一般。"我在幼年时期遭遇祖父离世，自那时起"死"这个问题就一直萦绕在我心头，因此这句话也让我吟味不已。这句话和公元前1世纪拉丁文学黄金期的诗人昆图斯·贺拉斯·弗拉库斯的"勿信明天，抓住今天"有异曲同工之妙。

《沉思录》中还有一些人生启迪类的话语，如"最好的报复方法便是勿效法敌人"。奥勒留也许是在吃了大亏后写下了这一句话吧。

罗马皇帝的话语跨越数千年的时空，传递到 20 世纪后半叶生活在日本的一个高中生的耳边，这是多么奇妙啊。

应试教学参考书中的经典之作

我在高中时用过的高考教辅书中，有一些堪称经典之作。

其中之一是月刊杂志《通往大学的数学之路》及其增刊《探索解题方法》。这是东京出版的创始人黑木正宪"为了帮助高考信息匮乏的非大城市学生"而创办的，他亲自写稿、担任编辑。这本杂志有高远的志向，旨在"从整体上把握高中数学的体系，不仅帮助学生备战高考，也要培养学生对数学的兴趣"。"能力测试"和"习题"是《通往大学的数学之路》杂志的固定栏目。菲尔兹奖得主、国际数学联盟主席、著名数学家森重文上高中时，名字就常出现在这两个栏目的优胜者名单里。森重文曾说过："《通往大学的数学之路》杂志教会我要把问题想透彻，这已成为我的基本原则，时至今日我依然觉得

只有深入思考一个问题才能体会到数学的乐趣。"（《朝日新闻》1996 年 9 月 9 日晚报版）

这本杂志帮助我这样的乡下高中生接触到高水平的数学，对此我不胜感激。也是通过阅读这本杂志，我深刻了解真正弄懂数学到底是怎么一回事。我也由衷感到笛卡尔把"凡是我没有明确地认识到的东西，我决不把它当成真的接受"这一点当作"正确引导理性，在所有科学领域探索真理的方法"的首要一条，确实很有道理。

我在前文"独立思考阿基米德定律的推导"一节中曾提到过，对事物的理解方法并不是只有一种。有些说明让人觉得似乎是懂了，又有些难以心悦诚服。有些解释直截了当，一语中的。想要直逼事物的本质，需要将认为"懂了"的标准提高一些。关于是不是真的懂了，美国有个比较吓人的比喻：当你在走夜路时被人用枪顶着问"这道题怎么答"时，如果你能立刻答出来，这才是真正理解了。大家还记得初中学过的关于直角三角形的勾股定理的证明方法吗？拙作《用数学的语言看世界》[23] 中第 6 章就写了"让人终生难忘的'勾股定理'证明"这一内容。

高田瑞穗的《新释现代文》[24] 也是我高中时很爱读的学习辅导书。在高考的现代文阅读部分，常见的题目是"请从 ABCD 四个选项中选出作者最想表达的意思"。《新释现代文》

在讲如何答这样的题目时，首先给现代文下了定义："在某种意义上，现代文是解答现代需求的一种表达形式。"该书指出：想要解读现代文，首先要明白作者的"问题意识"，即"我的这篇文章要解答一个什么问题"。既然现代文是解答现代需求的一种表达形式，那么现代精神就是其问题意识的前提。人文主义、理性主义、人格主义是支撑现代精神的三大支柱，阅读现代文时要重点理解作者打算基于这现代精神三大支柱解答一个什么问题。能做到这一点，自然就能明白作者最想表达的意思。

我在同时期还读过研究法国哲学的学者泽泻久敬所著的《何谓独立思考》[25] 一书，此书当然不是读来应试的。作者在这本书里阐明了理性主义作为现代精神支柱的重要之处，还细致讲解了笛卡尔的《谈谈方法》一书。

高田和泽泻都明显表达出了对西方现代精神的一种坦荡的信任。他们这些 20 世纪中叶的知识分子经过反思，认为第二次世界大战（简称"二战"）前日本对于理性思想的认识既浅薄又不彻底，由此也间接导致了日本悍然走上侵略道路，最终战败。所以他们决心从头开始认认真真地学习现代精神。从经历过后现代主义哲学洗礼的 21 世纪的此时此刻回望过去，难免觉得他们的样子纯真得可爱。可是我认为恰恰是这种坦诚真挚的姿态，奠定了日本战后繁荣的基础。

不选医学选理学，不选东大选京大

前文中介绍了我高中时代读过的一些书，其实我的学生时代并非每日孤独地读书，在高中时我身边有许多良师益友，度过了很充实的学生时代。我和其中的一位同学，在近 30 年后戏剧般地重逢了。

2008 年度的诺贝尔奖名单公布，南部阳一郎、益川敏英、小林诚三人获得诺贝尔物理学奖，化学奖的获奖人中也有一名日本人——下村修。岩波书店出版的《科学》杂志在 2009 年的新年号上组织了很有分量的特稿，名为《诺贝尔奖与学问的源流——日本的科学与教育》，邀请我写一篇介绍物理学奖意义的报道。能有机会执笔这样的文章我顿觉与有荣焉，给文章起了个雄心勃勃的名字——《粒子物理学的五十年》后交稿了。

新年过后这期特刊寄到了加州，我看到介绍化学奖的文章题为《追逐光领域革命的半个世纪》，作者是宫胁敦史，看来作者和我"英雄所见略同"。细细读下去，咦？且慢，这不就是我的高中同学宫胁吗？我们二人在同一期特刊上撰写各自领域的诺贝尔奖的评述文章，这真是充满惊喜的巧合。

宫胁从岐阜的高中毕业后去庆应义塾大学读了医学部，他在绿色荧光蛋白（2008 年度诺贝尔化学奖获奖成果）的基础上，研发出了利用荧光物质的可视化技术，可以观察生物体内发生的各种生命现象。宫胁敦史目前担任日本理化学研究所（简称"理研"）的脑科学综合研究中心副主任，2017 年他由于在该研究领域的突出贡献而获得了紫绶褒章。2012 年我曾受邀在理化学研究所的研究者大会上做演讲，参会期间宫胁带我参观了脑科学综合研究中心，我们久别重逢，畅叙友情。

高中时我身边的很多朋友都像宫胁一样选择报考医学部，我却立志要考理学部。

我父母在柳濑经营商店，他们曾问我愿不愿意子承父业。对经商我是毫无兴趣，所以父母也早早就断了这个念头。可是我上大学后利用暑假去店里帮忙，听见父亲对客人说："这孩子就爱学些派不上用场的东西。"当时父亲的语气既像自嘲又像自得，父亲对我不肯继承家业还是有些遗憾的吧。

儿时的岐阜有庞大的纺织品产业，柳濑也是一派生意兴隆的景象。美川宪一的歌曲《柳濑布鲁斯》正是在那个时候广为传唱的。可是在和冲绳归还谈判同期进行的日美纺织品谈判中，日本纺织品产业联盟对美国出口引入了自我设限机制，这给柳濑的商业投下了阴影。随着郊外建起了大型购物中心，柳濑一带关门停业的商店越来越多，我父母也在 15 年前关了店。

高考逐渐临近，有一天舅父来看我。他问起了我高考报志愿的事："听说你准备报考理学部，真的不考虑医学部吗？"

　　一直以来医学部都很受考生追捧，当时甚至普遍认为理科成绩好的高中生报考医学部是天经地义的。站在父母的角度看，医学部比理学部将来更有保障，所以他们特意请舅父来问问我的真实想法吧。我向舅父讲了我想从事基础科学研究的志向，舅父表示理解。此后父母也不再反对我的选择，我顺利报考了京都大学的理学部。

　　也有人问过我："为什么不考东京大学，而选择了京都大学呢？"对此我也有明确的理由。

　　因为东京大学即便考上理科一类[⊖]，也未必能进入理学部学习。如果考上东京大学，要先去驹场校区上通识教育课，根据大一和大二前半期的成绩决定大三在哪个院系开始专业学习。这是东大特有的"升学选择制度"，如果大一、大二的成绩不好，也许就无法进入心仪的院系。

　　而且听说我想去的理学部物理专业在当时门槛很高，能考上东大已经很不容易了，如果想学物理学专业，考上大学后还要努力准备升学选择的考试。我希望一进大学就只学自己喜欢的内容，对于考上大学还要为了与他人竞争而学习感到兴趣索然。

　　与东京大学的做法不同，京都大学在高考时就是按照院

　　　⊖ 东京大学理科分为三类，其中理科一类包括工学部和理学部。——译者注

系报考的，所以只要通过考试，自然就是理学部的学生，而且直到毕业也不用确定具体的专业。毕业证书上只写"理学部毕业"，如果本人提出申请，可以在毕业证上加上一行"主修物理学"的说明。只要修够毕业所需的学分，学什么都可以。与东大不同，京大的特点是"自由的学风"。其中理学部可能尤为自由，理学部整体的氛围是"放养"式的培养，鼓励学生追求自己的兴趣爱好，我觉得在那里可以自由自在地学习自己真正想学的内容。这些是我选择京大的决定性因素，于是我报考了京大理学部，并顺利考上了。

物理是一门怎样的学问

进入大学，终于要开始真正学习物理学了。在此，我先谈谈"物理学到底是怎样的一门学问"。物理学是发现自然界的基本规律，并以此来解释世界上各种现象的学问。物理学解释的现象可谓是森罗万象。

如果大家在高中阶段选修了物理，也许会认为物理学主要研究诸如小车滑下斜面等与"物体的运动"相关的内容。的确，17 世纪由伽利略·伽利雷和艾萨克·牛顿进行的对运动的研究开启了近代物理学的篇章，但是物理学的研究对象并不局限于物体的运动。

例如，构成我们日常使用的家用电器基础的"电与磁"；研究空调效率、设计汽车发动机时必须考虑的"热现象"，对于这些问题的理解都是物理学研究的范畴。

天体物理学研究太阳为什么一直燃烧，夜空中的星星为什么会闪烁，宇宙的起源是什么，又经过了怎样的演化，变成了今天的样子。凝固态物理学研究物质的构成，研发能够改善我们生活的新物质。将目光投向微观世界的物理学有原子物理学、原子核物理学，以及我的专业——粒子物理学。近年来生物物理学、经济物理学也取得了长足的进展。总之面对林林总总的各种现象，我们都可以将该现象与"物理学"相结合，冠以"某某物理学"的名称。

自然科学中有生物学、化学、天文学等领域。物理学与其他学科的区别在于"回到基本原理进行思考"这一研究方法。

"物理学"一词是明治政府颁布《学制》[⊖]以后开始广泛使用的。据说江户时期的兰学[⊜]学者将荷兰语"Fysica"译为"穷理学"。这个译词精妙地把握了通过穷尽自然界现象背后的原理来理解自然界现象这一物理学的目标。

生物学研究生命现象，化学研究物质的组成和结构及化学

⊖ 1872 年日本明治政府正式颁布《学制》，规定 6 岁以上适龄儿童都要入学接受教育，推行"四民平等"的义务教育制。——译者注
⊜ 兰学指日本锁国时代通过荷兰传入的西方科学文化知识。——译者注

反应，天文学研究天体，这些都属于"研究对象的学问"，物理学的特点在于研究的方法，属于"研究方法的学问"。

随着物理学的发展，物理专业也不断细分，从 20 世纪后半期起理论与实验由不同的研究者分开进行。例如同为诺贝尔物理学获奖者，汤川秀树和朝永振一郎是理论物理学家，小柴昌俊和梶田隆章则是实验物理学家。

一生中最刻苦学习的四年

上大学后遇到了一群志同道合的朋友，这让我倍感喜悦。高中时学理科的朋友大多报考了医学部，所以我没什么能够共同谈论基础科学的朋友。进入京都大学理学部后，我身边自然都是对科学感兴趣的志同道合的人。

尤其是从关西地区的示范高中考上来的同学们，他们非常清楚理学部的大学生应该读什么书。在此之前我读书不成体系，他们精准的"读书指引"让我受益匪浅。

大学头两年主要是学习通识教育。遗憾的是很多课让我有期待落空之感。我觉得这不是老师们的问题，主要是当时通识学院的制度有待完善。

虽然课程让我有些失望，但大学的好处在于可以自由地学想学的东西，或者说这才是进入大学学习的意义所在。进入大学之前，一直被要求按照教学大纲好好学习老师教的内容，可是上大学之后首先要决定自己要学什么。和应试学习不同，大学里钻研的问题也许没有标准答案。想要开拓出一条前人没有走过的道路，就需要培养独立思考的能力，这正是大学教育的目的之一。

19世纪，德国的威廉·冯·洪堡等人提出了新的大学办学模式，即"洪堡理念"，指出大学不仅要教授知识，还要培养具备探索新知识的基本技能的具有主动性的人才。大学的课程体系中不仅要有授课，还要包含讨论班、实验等内容，帮助学生进行研究。这些已成为当今日本大学基本设置的教育体系就是在洪堡时期形成的。

在我上大学时，除了大学课程体系内的研讨班外，学生们纷纷自己组织"自主讨论班"。曾经的全国学生运动期间，大学无法正常上课，学生们便组织了学习会、读书会，我们的"自主讨论班"也是这一方式的延续。

京都大学理学部的各专业之间没有壁垒，我能接触到对数学、天文、化学、生物等不同领域感兴趣的学生。我每天都去的那家咖啡店里集中了一批志在数学、物理研究的学生。咖啡店的店主厨艺高超，我们每次结束自主讨论后都在店里享用美味的晚餐（见图1-6）。身处这样的环境，我大学本科期间是一生中学习最刻苦的四年。

图 1-6 结束自主讨论后的晚餐（右起第二人为作者）

弗罗贝尼乌斯定理与快餐荞麦面

自主讨论的时候我们分工查阅资料，轮流给大家讲课。我们选的书中有些书毕业于关西地区的示范高中的同学已经在中学时读过了，这令我这个岐阜来的学生十分佩服，心想：不愧是大城市的孩子。

数学方面，我读了高中母校的著名校友高木贞治所著的《解析概论》[26] 一书。这是一本微积分方面的经典著作，自 1938 年初版发行以来，就是日本数学教科书中标杆式的存在。从 A.H. 柯尔莫戈洛夫和佛明所著的《函数论与泛函分析初步》[27] 一书中，我学到了作者在涉及无穷大这一概念时所进行的缜密的论证方法。在某次的自主讨论班上我们学习浅野启三和永尾汎所著的《群论》[28]，当时我一手拿着书，边看边讲解。学长看到后指导我说："做演讲的时候要事先确认好书中所写的证明和讲解，总结成笔记，演讲的时候只能看着自己的笔记讲。"

在这些数学著作中，犹记我花了大力气学的是松岛与三的《流形入门》[29]一书。流形将几何学性质的图形的概念一般化，在爱因斯坦广义相对论中将引力理解为时空弯曲这一部分中起到重要的作用。超弦理论中出现的九维空间这种人眼无法看到的东西，也可以运用流形的思维方式，以数学的语言表达出来。

大二那年冬天，我坐在回岐阜老家的列车上读《流形入门》这本书，怎么也无法理解弗罗贝尼乌斯定理的证明。

当时我为了节省车票钱，没有乘坐新干线，而是选择了换乘东海道本线的快车回家。虽然要在路上花好几个小时，但列车上很适合集中精力学习。途中在米原车站下车换乘，我在站台上的无座位式快餐店里点了一碗荞麦面，心里还在想着弗罗贝尼乌斯定理。米原是日本屈指可数的雪乡，当时纷纷扬扬的大雪随着伊吹山上刮下来的山风变了方向，漫天飞舞。

当空间中有不同方向的向量时，弗罗贝尼乌斯定理规定了这些向量分布为部分空间的条件。当我看到在风的吹动下雪向着各个方向流动时，突然就理解了这个定理的完整证明。我顿觉眼前云开雾散，吃起了热腾腾的荞麦面条。时至今日，每当我在大学讲授流形课程，进入到弗罗贝尼乌斯定理部分时，还能想起当时凛冽的寒意和荞麦面条温暖的香气。

为了适应阅读英文著作，我下苦功夫读了戈尔茨坦的《经典力学》[30] 和席夫的《量子力学》[31]。

我认为应该广泛地学习物理学的知识，读了今井功所著的《流体力学（前篇）》[32]。流体力学主要研究空气和水流，经常应用在飞机和火箭的设计中，这个领域和粒子理论并没有直接的关联。不过物理学是"研究方法的学问"，所以研究流体力学的方法也能够应用到物理学的其他领域中。另外对液体现象有了一定的认识后，在以后研究的各种情况中都能派上用场。

当时还有同学说"物理学者和数学学者必须了解什么是存在"，于是大家决定："如果想探索什么是存在，就读读海德格尔吧。"理学部的学生很难单打独斗地啃下海德格尔的《存在与时间》，所以转而读了《海德格尔的〈存在与时间〉入门》[33]一书，这本书由海德格尔的研究者们编写，书中概括并讲解了原书的主要内容。虽说是入门书，内容也十分艰涩，我花了半年左右的时间，读到一半最终还是放弃了。另外我也没有信心是否正确理解了读过的部分。

向费曼学习自由自在地思考

除了在自主讨论班上读的书，我自己也读了不少书。

如《费曼物理学讲义》[34]全3卷（日语版为5卷本）。费曼因在整合量子力学和电子学方面的贡献，与朝永振一郎、朱利安·施温格一同获得诺贝尔物理学奖，记录了费曼的各种闻所未闻趣事的《别闹了，费曼先生》[35]一书更是将他变成一位家喻户晓的物理学家。

费曼在加州理工学院担任教授时，某一年突然提出："所有本科低年级学生的物理课都由我来教。"加州理工学院是一所理工科大学，所有学生都要在低年级时学一遍力学、电磁学、统计力学等物理学的课程。一般是由几名教员共同讲授这些课程。物理学大师费曼要独立承担这些课程，实在令人惊喜。

因为机会难得，所以人们把费曼从1961年开始的2年间的讲义全部录了像，每一幅板书也拍照保存下来了。加州理工学院的两名教授把这些珍贵的授课记录整理出版，这就是《费曼物理学讲义》。

几年前举行了纪念《费曼物理学讲义》出版50周年的活动，在活动上我和当年听过费曼讲课的加州理工学院的校友们聊天，听到有人说"当时的物理课上得可太痛苦了"。我挺能理解他们的心情，因为费曼当年给低年级的学生讲的内容确实不简单。

这套书对我来说是块"硬骨头"，不过我从书中真切地感受到了费曼对自然现象的热爱，以及阐释这些现象时的快乐。我通过这套书，明白了理解物理学的道路并不是只有一条。用各种各样的想法去探索、去研究，更能加深对自然现象的理解。有时候越是认真学习，就越容易陷入"这个现象必须这样理解"的狭隘的思考中。这种时候读读费曼的书，在他自由自在的想法的启迪下，自己的思路也会豁然开朗。

费曼的讲义中对研究对象的选择也极为自由。讲义中选取蜜蜂眼睛的构造、化学物质的性质等一般的物理教科书都不会涉及的广泛的自然界现象，运用基础物理学的理论工具来解释这些现象。在费曼对自然界的各个层面的阐释中，我深刻认识到了物理学的普遍性特征。

《理论物理学教程》的凝练之美

比起《费曼物理学讲义》,《理论物理学教程》[36] 全 10 卷（日语版为 17 卷本）给了我更深远的影响。

20 世纪中期，苏联重视科学研究，把科学研究当作基本国策，投入了大量的资金，为此在各领域涌现出了一批伟大的科学家。其中列夫·朗道多年来一直引领着理论物理学的发展。想要投入朗道门下，即想成为"朗道学派"一员的学生要通过"理论物理学最低标准考试"。这个考试正如其名称所示，旨在考察理论物理最低要求的知识。朗道认为要成为理论物理学学者，需要掌握各种知识，所以考试内容涵盖了物理学的各个领域。从朗道设立理论物理学研究所，到他遭遇交通事故而终结了研究生涯的 28 年间，只有 43 名学生通过了这项门槛极高的考试。

朗道和他的弟子 E.M. 利夫希兹将"理论物理学最低标准考试"涵盖的物理学各领域的知识编写成了 10 卷《理论物理学教程》，该书于 1960 年荣获苏联最高国家荣誉之一的列宁奖。

这套教材中的第 2 卷《场论》尤为经典，是电磁学和广义相对论的教科书。我和同学们在自主讨论班上读了这本书，我自己学习了其余各卷。通常电磁学和广义相对论都是分开讲授的，但《场论》把两者放到了一本书中。从这一点也可以看出《理论物理学教程》极具独创性，不拘泥于物理学的发展历史，对理论体系进行简明扼要且清楚明白的阐述。

据说科学是"思考的经济"，这是指能够用尽量少的假说去阐明尽量多的现象才是好的科学。例如在通信技术领域，如何用最小的成本传送大量的数据，就需要考虑"数据压缩率"，同理，科学就是将森罗万象的自然现象的相关数据用基本原理这一形式进行压缩的工作。朗道和利夫希兹的物理学讲义在最大程度上追求了思考的经济性。《理论物理学教程》像是一件兼具高效能和功能美的工业产品，它那高度凝练的阐述散发出独特的美感。

这本教材的另外一个特点是贯彻了从基本原理推导出所有问题的方针。在前文"物理是一门怎样的学问"一节中已经谈到过，物理学与自然科学的其他学科的区别在于"回到基本原理进行思考"这一研究方法。化学、生物学等属于"研究对象的学问"，物理学属于"研究方法的学问"。也正因如此，当领悟的那一瞬间会感觉云雾散尽，一切都清楚明白地呈现出来，这也是学习物理学的魅力之一。《理论物理学教程》展现了对这种物理学的方法的极致追求。从读第 1 卷《力学》的开头部分开始，我就沉浸在恍然大悟的震撼与感动之中。

我上中学时通过每周做老师出的习题提高了数学水平，在大学学习物理时我认为也需要通过多做题来掌握知识。幸好《理论物理学教程》上有精选的习题，另外正文中常省略推导过程，我试着把省略掉的计算过程补出来，这让我受益良多。

不读教科书，读原论文的意义

广义相对论理论和量子力学一起构成了现代物理的两大支柱。关于这方面，我不仅在自主讨论班上和同学们一起读了《理论物理学教程》中的《场论》，还读了爱因斯坦的原论文。

这篇论文名为《广义相对论基础》，发表于 1916 年，后来再次收录于《爱因斯坦选集》[37] 中。这篇论文写得非常精彩，即便是在一个世纪后的今天，也完全可以直接拿来当作教材使用。

阅读原论文是一种很好的学习方式。讲授某种已普遍被学界接受的理论的教科书，往往默认读者已经了解了本领域的一些常识性知识。可是原论文为了让初次读到的人理解自己的观点，需要进行详尽的论述。爱因斯坦在这篇论文中用时空扭曲来解释引力，这是一个划时代的想法，他在论证中运用的数学知识对当时的物理学家们来说比较陌生。所以爱因斯坦细致地解释了相对性的观点，对于理解论文所必须的数学知识也进行了耐心的讲解。

另外，阅读原论文经常能体会到作者深刻的洞察，而阅读教科书时往往会忽略这一点。读哲学书籍就要读原著或者原著的译本也是同样的道理。例如，关于柏拉图我并没有只是读些导读类的书籍就了事，而是阅读了《会饮篇》等著作，边读边苦苦思索。我们曾经为了理解海德格尔的哲学，阅读了介绍海德格尔哲学思想的书，结果半途而废。如果终究是读不下去的话，不如最初就读《存在与时间》这本原著好了。

作为人文基础的博雅教育

哲学方面我还读过《哲学教程——"Lycée"的哲学》[38]。

"Lycée"是法国中等教育机构，相当于日本的高中。这本书是为法国高中理科学生编写的哲学教科书，因此对于我这个理科生来说，里面的理论也是比较容易理解和接受的。

这本教科书的第二章，开头就指出：哲学并不是"知"，现代社会由科学担任知识的功能。我读到这样的表述颇感震惊，虽说是面向理科生的教材，这种表述也太不留情面了。那么哲学到底是什么呢？这本书对哲学的定义是：哲学不是学习"知"，而是批判性地思考"知"的学问。例如，书中将康德的哲学课题总结为以下三个问题：

1. 我们能知道些什么？
2. 我们应该怎么做？
3. 我们可以希望些什么？

第一个问题在《纯粹理性批判》一书中探讨过，我在高中时读过那本书。第二个、第三个问题分别是《实践理性批判》和《判断力批判》的主题。

这本教科书里明确区分了科学的作用和哲学的作用，例如在对"时间""空间"进行考察时，相关论述从科学角度看也极具意义，同时也明确指出从哲学角度应如何思考这个问题。通过阅读这本书，可以好好思考科学与哲学的关系。

从这本教科书中能够感到法国社会想培养出能够独立思考、判断，负责任的、符合现代国家需求的民众的殷切希望。这是因为法国高中的教育继承了始自古希腊、古罗马时代的博雅教育的传统。

博雅教育的传统始于古希腊这个古代民主的诞生地，我认为这并非偶然。民主想要正常运转，就需要尊重客观事实、能够独立判断的民众。为此，时至今日欧美国家仍然认为博雅教育是人文教育的基础。

《哲学教程》一书继承了这种传统，并且重新探讨了现代的种种问题，这本书能够很好地训练思维能力。

向本多胜一学习如何写文章

在博雅教育的"七艺"中，用具有说服力的语言进行论述时必不可少的是语法、修辞学，写作就属于这一领域，可是许多理科专业的人也许不太擅长写作。

在本书第 3 章中"彻底训练语言能力的美国教育"一节也会讲到，语言表达能力对理科专业很重要。

谈到提高写作水平的书，首推本多胜一的《日语写作技巧》。[39] 作为面向理科的写作类书籍，清水几太郎的《论文写作方法》[40] 和木下是雄的《理科方向的写作技巧》[41] 可谓是必

读书目了，我自然也读过。可是我认为还是本多胜一的书更有
实用性。

　　例如清水几太郎的主张"不可随心所欲地写文章"，是对
写作类书籍的鼻祖——谷崎润一郎的《文章读本》[42]一书的否
定，在刚发表时可谓是石破天惊的观点。可是当我读这本书的
时候，清水几太郎的观点已经是普遍认识，所以读来也觉得稀
松平常。

　　本多胜一在书中清楚地阐述了"修饰关系的顺序""标点
符号的使用""助词的用法""该在哪里分段落"等写作的基本
技巧。另外在该书的后半部分通过点评各种文章来讲解写作的
风格和形式，读来大有裨益。

　　在英语写作方面，《风格的要素》[43]（ *The Elements of Style* ）
是我案头常备的书。书中清晰有力地列出了英语写作的一些
基本原则，如"用主动态""写肯定句""使用清楚、具体的表
达""不要写逃避责任的句子"等。比如日语中"……也许是
这样吧"这种用在句尾的含混不清的表达就是所谓逃避责任的
句子。在含糊的表达里看不出有承担责任的决心。

　　关于行文简洁明了，小说家说得更加极端。马克·吐温
说："看见形容词就把它毙掉。"斯蒂芬·金则说："通往地狱
的路是副词铺就的。""漂亮的画""美味的饭菜"，这种依赖于

形容词的描写显得简慢。人们过于滥用"非常""的确"等副词。这里马克·吐温和斯蒂芬·金的真正意思是,如果想写出有说服力的文章,就要追求简洁而具体的表达方式。

与人交流中很重要的一点就是对自己说的话负责任。在后文中会出场的理论物理学家弗里曼·戴森曾说过:"与其说一些含糊不清的话,还不如干脆说错误的话。"

在公开场合讲话时,如果嗫嚅不清,就没有说服力。我常被家人抱怨:"讲话声音太大了。"每次我都辩解说:"为了对自己的话负责,我必须说得清清楚楚。"大家都拿我没办法。

当然不是任何时候都适合大声说话。前几天我从科维理数学物理学联合宇宙研究机构所在的东京大学柏校区乘坐轻轨电车去市中心,车上我和一名外国来的研究人员讨论物理问题,结果被旁边的乘客提醒道:"能不能请您小声一点儿。"

从英国主办的英语口语学校得到的收获

我在大学本科阶段的最后半年去上了英语口语学校,这么做是有原因的。

在量子力学的世界,有一些和我们的直觉相反的现象。要解释这些现象,还有很多未解决的问题,我们将这些问题统称为量子力学的基本问题。最近随着量子计算机技术的发展,这些问题再次受到人们的关注。可是当我还是学生的时候，人们大多认为只有搞不了最先进的研究的老教授们才会研究这些问题。可是不知为什么，我在本科生阶段就对这些问题很感兴趣，一直在学习相关内容。

我上大四的时候，阿莱恩·阿斯派克特来京都大学演讲，他成功地用实验检验了属于量子力学基本问题之一的"贝尔不等式"。因为机会难得，我在听演讲之前就认真研读了贝尔不等式的相关文献。

贝尔不等式刻画了两个量子之间"纠缠"关系的特征。我在听演讲时想到，三个以上的量子之间也有类似的纠缠关系，那么是否也存在类似的不等式呢？演讲结束后我举手提问，可是因为我英语的口语表达不太熟练，所以没能很好地传达我的想法。

我想，这可不行。好不容易想到的好想法，如果不能用英语表达出来就失去了意义。于是我去上了位于大学隔壁由英国文化协会主办的英语口语学校。第二次世界大战前夕，纳粹主义不断扩张势力，英国发觉自身的国际影响力日渐式微，为了普及英语和英国文化设立了英国文化协会这一国际文化交流机构。

我在英语口语学校学到了几个重要的知识。首先是站在对方的立场上思考。想想对方会如何理解自己的话，基于这个认识来选择具有说服力的表达。其次还学习了用英语交谈时的礼仪。英语中没有敬语，但这并不意味着对所有人都可以采用直来直去的方式交谈。虽然没有日语中那样的敬语体系，但也有别的表达方式表示对对方的敬意。基于相互间的关系来选择合适的表达方式，这在日语和英语中同样重要。

我在口语学校还训练了介词的用法等语言技能，英语中的介词和日语中的助词同样重要，介词用得好能让表达变得简洁易懂。

英语口语学校让我的英语语言技能和语言风格都有了提升。

日本和英国都是岛国，可是两个国家的国民在交际的技能方面差异很大。英国在与欧洲大陆长达千年以上的外交史中锻炼了谈判交涉的能力，又在经营遍布世界各地的殖民地的经历中获得了和异域文化打交道的经验（当然这是一段具有负面意义的历史），我所学习的口语学校正是由这样一个经验老到的国家，为了振兴和宣传本国语言及文化而设立的。我在这里学到的东西，对我后来的海外生活有很大的裨益。

至于我当年想问阿斯派克特的那个问题——三个以上量子的纠缠状态，后来有学者发表了这方面的论文，现在这一领域的研究成果已由这些研究者名字的开头字母命名，在科学界广为人知。南部阳一郎曾对我说过："必须要有几项失之交臂的研究工作。"这就算是其中之一了吧。

专栏·如何提高英语能力

　　我听过一种说法，说日本的英语教育有问题。不知道这是和哪个国家比较后得出的结论。欧洲各国的人们日常能接触到各种各样的语言，而且各国的语言几乎都是和英语同源的印欧语系语言，所以他们英语好不足为奇。以我在美国育儿的经验来看，美国的外语教育谈不上出色。看上去许多来自中国、韩国的人英语口语能力很强，其实这是因为他们在高中或者大学就被家长送出国读书了。

　　回想我的英语学习生涯，除了大四那年在英国文化协会的英语学校学习了半年以外，就只有初、高中的英语课了。我现在在美国的大学里担任教授，所以日本的英语教育也不能算差。

　　我在大四的时候没能很好地向阿斯派克特提问，不能归咎于中学英语教育水平不行。英语口语能力的提升有赖于大量练习的积累，仅仅依靠学校的英语课很难提高口语水平。最近通过互联网很容易就接触到英语，所以有很多"磨耳朵"的机会，例如听听 BBC（英国广播公司）和 NPR（美国国家公共广播电台）的新闻节目就很不错。只要耳朵熟悉了英语，口头自然就能表达出来了。

我 26 岁初次来到美国，在高等研究院担任研究员时，用英语交流方面最头疼的就是午饭的时候。在黑板前一对一讨论时，对方会看着我的表情，一边判断我的理解程度一边对我讲话。如果探讨物理学或数学的问题，实在无法沟通的时候在黑板上把公式写出来就好了。可是吃午饭时总是几个人围坐在一起边吃边聊，不可能只对着我一个人说话。有时我去晚了，坐在那儿完全听不懂他们如此兴高采烈地到底在谈什么。即便如此，半年之后我的耳朵也慢慢适应了。跟不上话题的时候问问"不好意思，请问你们在聊什么呢"就好了。

我在加州理工学院执教已经超过 25 年，我用带着日语口音的英语讲课。可是在每学期期末进行的教师授课评价调查中，我一次也没收到过"英语水平太差"的评价。学生们针对授课内容、考试难易程度等会直言不讳地提出意见，所以如果很难听懂我的英语授课，他们一定会提出来的。也许是因为美国的大学教授中有不少外国人，学生们已经习惯各种口音的英语了。

我在英语学习方面感到有所欠缺的不是口语能力，而是读写能力。在本书第 3 章的"彻底训练语言能力的美国教育"一节中会详细讲到，当我参与到大学管理运营工作中后，多次为同事们的写作能力所折服。欧美的教育在长期的多文化交流中成长起来，会教授学生各种运用语言力量的方法。我的女儿在美国长大，她从小学低年级开始就学习富于实践性的写作技巧，还被要求写应用于各种场景的文章。

当我看到美国同事们的交流沟通能力时，深感日本人英语水平不足不是英语教育的问题，而更多是语文教育的问题。如果头脑中没有组织好要表达的内容，就很难口头或者动笔表达出来。从小学开始培养英语口语能力自然是件好事，但我认为想要提高日本人的英语能力，更需要综合考量包含语文和英语教育在内的语言教育。

3 物理学家们的荣光与苦恼

我在学生时代不仅学习了物理学的理论，也阅读了一些讲述物理学家生平，介绍他们想法的书籍。我将介绍一些物理学家的自传和随笔集，它们给我带来了深远的影响。

量子力学完成的瞬间——《部分与全部》

首先介绍量子力学创立者之一、物理学家沃纳·海森堡的自传《部分与全部》[44]，对喜爱物理学的人来说这是本必读书。

海森堡在《部分与全部》这本书中记录了很多与友人、同事的关于科学和哲学的对话，这也是本书的魅力之一。不过汤川秀树在给该书的日语版作序时写道："这些高中时代的海森堡和他年龄相仿的年轻人之间的对话，似乎过于高级了一些。""如果把这些内容看作他对半个世纪以来一直存活在他脑海里的记忆所进行的有意或无意的再构建，就不会觉得奇怪了。"由此可见，汤川秀树似乎认为海森堡的话有夸大其词之嫌。

书中的很多谈话是在远足时进行的。远足指连续几天在山中进行的长距离徒步行走。德国人喜欢长时间在大自然中散步，边走边交谈，这也许是继承了从四方游历来积累经验这一充满浪漫主义色彩的传统。

海森堡在慕尼黑大学师从阿诺德·索末菲学习原子论。海森堡是这样描述索末菲的："他身材矮胖，留着气派的黑色胡子，像一位军人。他外表严肃，可是一开口说话就显得十分和蔼可亲。他真诚地关心那些向他寻求指导和建议的青年人。"

其实海森堡在被介绍给索末菲之前，一度想投入数学家费尔迪南·冯·林德曼的门下，这位数学家证明了 π 是超越数。可是当海森堡提到自己对广义相对论感兴趣时，林德曼把他赶了回去，说："数学你搞不出什么名堂来。"

海森堡也许是太懊恼了，他向索末菲的学生沃尔夫冈·泡利倾诉了自己的遭遇。泡利回应说："我一点儿也不意外，林德曼就是个追求数学严密性的狂热信徒。"也许因为经过这一番挫折，海森堡感到索末菲分外和善可亲。

林德曼拒绝了海森堡，这对物理学来说是一件幸事。尼尔斯·玻尔是丹麦人，也是原子论方面的领军人物。玻尔在哥廷根大学做系列讲座时，索末菲带着海森堡去听讲座。

"玻尔用轻柔的丹麦口音温和地演讲着，他在讲解自己理论的每一个过程时用词都极其审慎，他的演讲令我们耳目一新。玻尔说的每句话都很谨慎，我们能够在这些话语背后窥到他那深邃的思维轨迹。目前他只讲了深奥的观点的一个方面，在这些观点的深处，似乎能看到令我神往的哲学态度隐身在黎明之中。"

在讲座期间海森堡向玻尔提问，玻尔约他出去边走边谈，这是一次命运的相遇。海森堡写道："我在科学上的成长，是从这次散步开始的。"

玻尔善于用谈话、讨论来推进研究，这是他极具个人色彩的研究方式。位于哥本哈根的尼尔斯·玻尔研究所鼓励自由自在的讨论，这种做法在当时比较罕见，被称为"哥本哈根精神"。海森堡详细记录了和玻尔在散步和远足时进行的谈话。我一心想从事物理学领域的研究工作，海森堡和玻尔两人之间的交流让我感动不已。

海森堡在玻尔门下学习了一段时间后，于 1924 年获得了哥廷根大学的教职。1925 年夏天，海森堡患上了花粉症，去北海的一个小岛疗养。在小岛的某个晚上，海森堡灵光乍现，完成了量子力学。当时的场景是这本自传中的高光时刻，下面我想引用一段这令人感动的记述。

"最初的一瞬，我从心底感到惊愕。我似乎穿过原子现象的表面，看到了深藏在背后的具有独特内在美的基础。我意识到必须去追寻大自然展现给我的、这具有壮观的数学结构的财富，我感到一阵头晕目眩。"

"我走出家门，在渐明的天色中走向台地向南延伸的尖端部分，在那突出海面的岩石上，超然物外地耸立着一座灯塔。我毫不费力地爬上灯塔，静静地等待着日出。"

留在纳粹德国的决心

可是在那之后，海森堡的人生充满了苦涩味道。在第二次世界大战中，他指导了德国的原子弹开发工作。为此，战争结束后他受到了批判，美国科学界长期视他为"persona non grata"（不受欢迎的人）。这个词是拉丁语，作为外交领域的专有词汇，意指作为外交官被禁止入境，这里表示海森堡被美国科学界所排斥。在这本自传的中间部分，海森堡试图解释他留在德国的原因。

书中"革命与大学生活"一章，开头是他在1933年与造访研究室的纳粹学生的一段对话。1933年1月阿道夫·希特勒担任德国总理，纳粹掌握了实权。同年4月施行的《重设公职人员法》将犹太人从大学教授的席位上赶走。海森堡有一位同事是数学教授，尽管在第一次世界大战时获得了军功章，也依然被清扫出门。海森堡想以辞职来表示对此事的抗议，犹豫不决间恰逢物理学界泰斗马克斯·普朗克到访柏林，海森堡便去找普朗克商量。海森堡如果辞职，就无法继续留在德国，只能流亡美国。

没想到普朗克劝他留在德国，对他说，"遗憾的是你们恐怕高估了大学和知识分子的影响力"，普朗克想说这种抗议活动的意图很难传达到当时的德国社会中。普朗克接着说："请考虑一下局势破裂后必将到来的新时代。"纳粹统治必将覆灭，普朗克希望他留在德国，重建祖国。

海森堡结束和普朗克的谈话，在回去的路上想："朋友们被暴力剥夺了在德国的生活基础，为此不得不去国离乡，我竟然有些羡慕他们。"

海森堡认为那些丢了工作，不得不离开德国的犹太人值得羡慕，这句话听上去有些冷酷无情，但也体现出海森堡陷于深重的苦恼之中。在返回莱比锡的火车上，海森堡终于下定决心留在德国。"移民海外，就意味着将祖国拱手让给那些狂热分子""在走向毁灭的期间建一座与世隔绝的小岛，把年轻人汇集起来，帮助他们尽量安全地度过毁灭的时期，在一片废墟上重新出发"。

在"铀俱乐部"指导开发原子弹

1939 年夏天，海森堡战前最后一次访问美国。在美国期

间见到了意大利物理学家恩利克·费米。费米于 1938 年获得
诺贝尔物理学奖。他去斯德哥尔摩出席颁奖仪式后直接前往美
国避难，后来参与了曼哈顿计划，3 年后在人类历史上第一次
成功地控制了核裂变链式反应。费米极力劝说海森堡来美国，
说美国有足够多的工作机会。但是海森堡拒绝了。他说："每
个人都应独自背负各自祖国的悲剧。"

海森堡乘轮船回国了，空荡荡的轮船就像是在印证费米的
劝告。他回国后不久，德国入侵了波兰，二战开始了。海森堡
收到陆军装备局的征召令，命令他"从事核能技术应用方面的
工作"。

海森堡略带讽刺地将他们这些被陆军征召的科学家群体称
为"铀俱乐部"。"政治覆灭中的个人行动"一章记录了他与
同为"铀俱乐部"成员的卡尔·弗里德里希·冯·魏茨泽克的
谈话。

海森堡对魏茨泽克说，研究原子弹"是一个非常有意思的
物理学问题"，可是"在战争时期"，"可能引发很大的危险"，
所以要慎重考虑。考虑到德国的现状，"核能技术的应用还十
分渺茫……从事这方面的研究并不可耻"。海森堡认为从事核
能方面的研究，"有可能帮助你们这些最有才华的年轻人比较
平稳地度过战争时期"，还建议，"目前只进行铀反应堆的准备
工作"。

对此魏茨泽克表示赞同："好的，这样的话我安心了不少。"他还说，"（铀反应堆的）研究在战后也能派上用场。"

魏茨泽克战后积极宣传和平主义，任汉堡大学哲学教授，在德国广受尊敬。他的弟弟理查德·魏茨泽克在战后担任德国总统，发表了深刻反思德国战争责任的著名演讲《旷野 40 年》[45]⊖。海森堡在自传中记录他和魏茨泽克的对话，我想是对美国科学界将他看作"不受欢迎的人"一事的辩解，即自己不得不留在德国从事原子弹研发的工作。对此魏茨泽克也表示赞同。在这部分自传的字里行间能看出海森堡希望大家能理解自己的处境和想法。

与恩师玻尔分道扬镳

二战时，海森堡于 1941 年造访德军占领下的哥本哈根，与恩师玻尔重逢。为量子力学的创立立下汗马功劳的两位学者，自这次会面后分道扬镳。两个人在哥本哈根聊了些什么？这成了科学史上的一个谜。

据海森堡在自传中所述，他想向玻尔传达以下三个信息，"一是理论上原子弹是能够被制造出来的，二是为此需要巨额技术

⊖ 即理查德·魏茨泽克于 1985 年在二战结束 40 周年纪念日上所做的演讲。——译者注

经费，三是我们作为物理学家必须扪心自问，是否可以从事原子弹相关的工作"。

海森堡在书中这样记述道，"黄昏时分，我终于开口提出在他家附近散散步"，可是海森堡没能把自己的想法完全说出来。对于玻尔的反应，海森堡写道，"遗憾的是，当尼尔斯刚听到我提到第一条，即制造原子弹在理论上可行时大为惊愕，完全没有听到我说的更重要的内容——为此需要巨额技术经费"。"也许是出于被德军暴力侵占了祖国的本能的愤怒，让他无法超越国界地思考物理学家之间的相互理解。"

可是对于这次会晤双方到底谈了些什么，有几种不同的说法。

其一是如海森堡在自传中所写，想向玻尔求教，到底该不该进行原子弹制造计划。其二是因为玻尔一直和英美的物理学家保持着交流，海森堡想通过玻尔打听美国的原子弹制造计划，或者通过玻尔阻止美国的物理学家参加制造原子弹的工作。战后，美国物理学家中有很多人将海森堡视为"不受欢迎的人"，他们大多持这种观点。

还有一种说法，认为海森堡也许是想向玻尔请教铀235的临界质量。战后公开的资料中显示海森堡算错了临界质量，而这个计算错误正是德国在原子弹制造上失败的原因之一。

英国戏剧家迈克尔·弗雷恩写出话剧《哥本哈根》来重现这次充满谜团的会晤。话剧舞台上只摆了 3 张椅子，话剧的主要内容就是海森堡、玻尔、玻尔的妻子玛格丽特之间的对话。

我第一次看这部话剧是在比利时的首都布鲁塞尔，当时我在参加某次国际会议的开场预热活动。海森堡由诺贝尔物理学奖获奖者戴维·格罗斯饰演，玻尔由和白川英树共同获得诺贝尔化学奖的艾伦·黑格饰演。这次演出完全是由业余爱好者完成的，有的演员台词也没背下来，拿着剧本读台词。第二次看这部剧是在东京三轩茶屋的小剧场，演员阵容十分豪华，段田安则饰海森堡，浅野和之饰玻尔，宫泽理惠饰玛格丽特。

这部话剧将海森堡提出的"不确定性原理"和过往事情的不确定性叠加在一起，巧妙地融合了量子力学的观点，物理学爱好者会看得津津有味。这部话剧栩栩如生地勾勒出了玻尔与海森堡的师徒关系，其中玻尔指出海森堡算错了临界质量的那一幕极具戏剧张力。我很推荐这部话剧以及海森堡所著的《部分与全部》这本书。

战争的纠葛——戴森的《宇宙波澜》

玻尔和海森堡等人构建的量子力学，推动了 20 世纪物理学的巨大发展。二战后，结合了量子力学和电磁学的量子电动力学也完成了。这一理论日后作为"量子场论"不断发展完善，已成为基本粒子、凝聚态、天文等物理学各领域的基础。理查德·费曼、朱利安·施温格和朝永振一郎因为对量子电动力学的发展做出的巨大贡献于 1965 年获得诺贝尔物理学奖。

朝永和施温格的研究因为继承了量子力学既有的研究方法，所以很快被学界所接受。但是费曼的想法因为极具独创性，所以很难被理解。费曼最终得以获奖，也是因为他的理论从数学角度被证明和朝永及施温格的理论具有等价性。

完成这项证明的人就是弗里曼·戴森。戴森对于读者们来说也许并不陌生，他提出了利用恒星全部能量的"戴森球"，能覆盖整个彗星的巨大植物"戴森树"等创意，对科幻世界产生了深远影响。

我在学生时代读过戴森所著的《宇宙波澜》[46]，这本书回忆了他长达 96 岁一生的前半生。

《宇宙波澜》这本书和海森堡的《部分与全部》一样，也描写了科学家们与战争的种种纠葛。戴森在二战期间进入剑桥大学学习，二战后期在英国空军的战术研究部门工作。战术研究属于信息工程学领域，始于二战爆发前夕，最初的目的是改善雷达的早期预警系统。戴森的任务是研究出高效轰炸德国各城市的战略。起初他给这项大量杀戮普通市民的研究冠以正当的理由，后来他的想法逐渐改变，最终坦白"失去了任何道德方面的依据"。

战后，戴森于1947年前往美国，进入康奈尔大学的研究生院学习。他师从物理学家汉斯·贝特，贝特揭示了太阳能源来自内部的核聚变反应的这一相关机理，并以此获得诺贝尔物理学奖。当时费曼也在康奈尔大学，是一名备受瞩目的年轻有为的教授。

"代数型"与"几何型"

当时，哥伦比亚大学的威利斯·兰姆通过精密的实验测量了氢原子的能量，发现实验结果与用量子力学理论计算的结果并不吻合。这成为一个巨大的谜，引起学界的关注。

在戴森赴美后的第二年，哈佛大学教授朱利安·施温格就此问题进行了长达8小时的演讲。他将量子力学的原理运用到原子内部的电磁场中，通过计算"量子电磁场"来解释兰姆的实验结果。施温格在此次演讲中用经典的方法把量子力学扩展到电磁场领域中，为此他在黑板上列了大量艰深的算式并且进行计算，这令听众们大为震撼。

继施温格之后登场的是费曼，他介绍了通过自己创造的"费曼图"来计算的方法。他的计算也能解释兰姆的实验结果。

可是没人能听得懂费曼的讲解。据戴森回忆，费曼"不写方程式，只是写下浮现在他脑中的结果"。因此听众们不知道他在干什么，也不知道他的结论是否可信。

关于费曼，戴森写道，"（他的）头脑是绘画型的"。有人认为理论物理学家可以分为"代数型"和"几何型"两种。几何型也就是戴森所说的绘画型。

所谓代数，重要的是按顺序对算式进行变换求解，这是一种直线型的操作。施温格擅长这种研究方式，当时人们认为这是量子力学的经典研究方法。

与此相对，几何型物理学家有时需要像中学的几何图形问题中的辅助线那样，以瞬间的灵感来解题，费曼就是这种类型的科学家。

谈到我自己，我认为自己还是比较擅长用几何的思维方式来解决问题，但最终需要用代数的语言表述出来，这样我才能真正理解这个问题。所以我大概是几何与代数的"混合动力型"学者。

要区分自己的思维方式是几何型还是代数型，可以感受一下自己对数字的印象。属于几何型的人大多对 0、1、2……这些数字有类似于图形的印象。我也是这样，比如听到"100万"这个数字，会在头脑中展现出各个数字的位置，计算的时候会觉得数字的位置在移动。

关于费曼的研究风格，戴森写道："他不会直接相信任何事情、任何人的话，所以他不得不自己重新发现或发明物理学的绝大部分内容。"

前文中介绍过的《费曼物理学讲义》就是他"重新发现或重新发明"的物理学体系，所以那些听过这著名的讲课的毕业生苦笑着说，"当时上课挺痛苦"，也是情理之中的。

从满目疮痍的东京传来的讯息

1948 年夏天，戴森受费曼之邀，两人一起驾车横穿北美大陆，这是一段从俄亥俄州到新墨西哥州的长途旅行，这段旅程也是《宇宙波澜》一书前半部分中特别精彩的部分。他们在旅途中住过怪模怪样的汽车旅馆，当时的经历简直像公路电影一样有趣。

两人在旅途中也多有交谈。费曼讲到他参与曼哈顿计划时在洛斯阿拉莫斯实验室从事的工作，讲到在那期间妻子艾琳去世。两人还谈到了核武器的发展，对此费曼持悲观态度，认为人类也许会被核武器毁灭。

两人也探讨了量子电动力学的问题。戴森回忆："我们相互攻击对方的想法，而这帮助我们将各自的想法调整得更加准确。"费曼的思维方式属于"几何型"，戴森和施温格则属于

"代数型"模式。思维方式迥异的两个人进行的富有建设性的讨论，帮助他们加深了相互理解。

戴森在新墨西哥州与费曼告别，回到了美国东海岸。之后参加了在密歇根大学举行的为期五周的暑期讲习班，在这里再次听了施温格的授课。戴森在经历了和费曼的讨论后，感到"对施温格的讲义有了别人都无法企及的深刻领悟"。

夏天结束时，戴森乘坐灰狗长途巴士从加利福尼亚州返回康奈尔大学。

"车发出单调的噪声，正在横穿内布拉斯加州。突然某件事情发生了。……在我的脑海中，费曼的绘景与施温格的方程式开始清晰而和谐地统一起来，这是从未有过的。……我随身没有携带纸笔，不过这一切都是那么清晰明了，根本不需要写在纸上。"

这一瞬间，施温格的代数方式的路径与费曼的几何方式的路径在戴森的脑海中统一起来了。

漫长的夏季结束，当戴森即将返回康奈尔大学时，贝特收到了"一个从日本寄来的小邮件"。戴森回来后贝特让他读一读邮件中寄来的论文。这篇论文的作者是朝永振一郎，论文中"用数学的技巧简单明了地阐述了施温格的理论中的核心构想"。

"朝永迈出了最初的、最本质的一步。他于 1948 年春天，从满目疮痍的东京给我们寄来了这个令人激动的邮件，我们收到了他从深渊中发出的声音。"

戴森发表了题目中冠有三位学者名字的论文——《朝永振一郎、施温格与费曼的辐射理论》，由此这三位学者共同获得了诺贝尔物理学奖。戴森对此的贡献也很大，可令人遗憾的是按规定诺贝尔物理学奖最多由三人共享。

两年后，在戴森还未取得博士学位时，已经由贝特推荐获得了康奈尔大学的教授职位。

此后戴森的工作并未局限于物理学领域。《宇宙波澜》一书的后半部分描写了戴森在基础数学、核能工程学、太空工程学、地外生命、核武器裁军、安全问题研究等广阔的领域中的工作。他的想法天马行空，例如他曾提出一种用核弹连续爆炸的能量实现在恒星间移动的火箭。我在学生时代读《宇宙波澜》时，惊叹竟然有这样的科学家，让我大开眼界，见识到了世界的广阔。

郁闷啊，郁闷——朝永振一郎"留德日记"

既然朝永振一郎（见图 1-7）的名字已经出现了，我们也来谈谈他的书。

图 1-7　朝永振一郎（1906—1979）

朝永写的随笔十分精妙。朝永生长于京都，他作为理化学研究所的研究员来东京工作后，迷上了去戏园子听单口相声。朝永后来在大学的学生节上还用德语说过单口相声，所以他的文章有种潇洒的幽默感。

朝永的散文集《镜中的世界》[47] 一书中，收录了他在莱比锡大学的海森堡研究室留学时所记的"留德日记"。日记的时间是 1938 年 4 月 9 日到 1939 年 5 月 28 日，这一时期的朝永陷于苦恼之中。

当时，朝永的竞争对手汤川秀树在物理界崭露头角。在朝永开始写"留德日记"的三年前，汤川已经发表了介子理论，正是这一贡献让汤川后来获得诺贝尔物理学奖。朝永的研究却毫无进展，心中满是焦躁。

"10 月 16 日，这个时候不能怨天尤人。……大自然为什么不能直截了当、简单明了一些呢。"

"11 月 17 日，早上起来天气就是阴沉沉的。汤川、坂田、小林、武谷共同执笔的论文寄来了。他们干劲十足，我来德国以后一直无精打采，每天只是重复说着郁闷啊，郁闷。"

可是从这些日记中也能窥见朝永迈向构筑量子电动力学这一伟大研究的线索。

"12 月 14 日，不断地计算下去，积分的结果是发散的。……中间状态的质子、介子的状态太多了，积分的结果是发散的。"

量子电动力学的困难在于计算的时候结果会变得无限大，朝永将这一现象称为"积分发散"。解决这一问题的是朝永提出的"重整化"理论。可是当时朝永面前伫立着一堵巨大的墙壁。

"11 月 22 日，工作陷入困境，我向仁科老师诉了苦。今天一大早收到了老师的来信。刚读了两三行眼泪就掉了下来。师曰：能否做出一番成就也要看运气。我们站在看不到前路的岔道上，即便以后大家的差距会越来越大，我也认为没必要在意这些。也许不久后时来运转，就出成果了。其实我就是抱着这种念头，靠着这些并不可靠的念想度过每一天的……云云。

读了这些话我潸然泪下。往学校走的路上，我想起信中的话，眼泪再一次涌出眼眶。"

这里的"仁科老师"就是被尊称为日本现代物理学之父的仁科芳雄。日本物理学界最具权威性的奖项"仁科纪念奖"就是为了纪念他而设立的。

据《部分与全部》书中叙述，海森堡决心留在德国是在1933年，作为"铀俱乐部"的一员，加入原子弹开发的工作是在1939年。这段时间对海森堡来说十分困难，朝永恰好在这一时期留在海森堡的实验室里。

德国和英国的关系风云突变，朝永于1939年8月离开了德国。9月德国入侵波兰，二战爆发了。《乐园——我的诺贝尔奖之路》[48]一书收录了朝永写的"海森堡教授"一文，文中描写了当时紧张的气氛。

"当时是德国纳粹势力最盛的时候，在我看来有不少对海森堡教授而言极不愉快的事件。教授本人不是犹太人，但我亲眼见到报纸上有文章指责他的学术风格是犹太式的。"

《乐园》一书中还收录了朝永1954年写给《读卖新闻》的文章。

"当时德国是全世界的物理学中心。那一时期德国的物理学绚烂多彩，年轻的优秀学者们像云朵一样不断涌现。这一盛景迅速走向衰败当然和犹太学者的逃亡有关，但绝不仅仅只有这一个原因。另一个原因是因为纳粹政府的错误政策，使得轻视基础科学的风气在全国蔓延开来。"

德国在 19 世纪前半叶基于"洪堡理念"完善了大学制度，在接下来的一个世纪里成为全世界的科学中心，这一内容在本书第 4 章也会提及。可是在错误政策的影响下，德国的科学研究仅仅数年后就走上了衰败之路。

在"自由乐园"中度过的闪亮的日子

前文提到了《乐园——我的诺贝尔奖之路》一书，书名中的"乐园"指的是朝永在赴德留学之前工作的地方——理化学研究所。

理研成立于二战之前，由专职的科学研究部门和将科研成果转化为新产品的研发部门组成。理研的理事长大河内正敏极具创新精神，他还成立了理化学兴业公司。这家公司孵化了若干家将理研的科研成果转化为产品的创业型企业。例如，以制造维生素 A 起家的理研维他命株式会社，这家公司现在生产的调味酱、干燥裙带菜等产品已走入千家万户。生产办公领域及光学领域设备的理光集团，则是从制造、销售理研研发的感光纸起步的。除此之外，理化学兴业公司还通过预制酒、防蚀铝等产品的研发、制造、销售获得了收益。

理研的研究费用大约有 75% 来自这些营利性企业的收入。创造新知识的基础研究与从这些基础研究中找出社会和经济方面价值的应用型研究在理研实现了完美结合。理研自有的经费使"科学家自由的乐园"成为现实。

在理研期间，朝永的指导教授是仁科。仁科 1921 年远赴欧洲留学，1923 年进入哥本哈根的尼尔斯·玻尔研究所，1925 年亲眼见证了量子力学的诞生。仁科在玻尔研究所亲身体会了没有上下级的隔阂，自由自在的讨论氛围，并把这种哥本哈根精神带回理研。朝永在《镜中的世界》的"吾师·吾友"一篇中，这样描写了理研的魅力：

"理化学研究所最令我赞叹的是自由自在的气氛。"

"大师和晚辈坦诚地展开讨论。"

"在这种活泼生动的气氛中，我自京都时代起背负着的沉重心情逐渐消融了。"

在京都大学的研究室时期，朝永和汤川是室友。这篇随笔中对汤川的印象是"有时过于兴奋，让人有些受不了"。可见两人之间的关系似乎比较复杂。

关于理研，朝永还回忆道，"研究员自主选择研究课题和方法，即便所从事的研究派不上用场，研究员也不会被指责"。

"对于研究来说，首要的、无可替代的条件是人。应该无条件地信任这个人的良心，让研究者自由、自主地展开研究工作。优秀的研究者……应该能够自主判断出什么是重要的。"

这里朝永提出的见解和今天的科学政策也息息相关，本书将在第 4 章单独探讨这个问题。

仁科在理研的原子弹研究

仁科在理研曾是朝永的顶头上司，他在二战中也不可避免地参与了原子弹的研究。

1938 年德国的奥托·哈恩等人发现中子轰击会引发铀的核裂变，核裂变会产生巨大的能量。哈恩等人认为只有用铀能吸收的慢中子轰击才能引发核裂变。可是仁科所在的研究小组运用理研刚完成的小型回旋加速器，发现用速度较快的中子也能引发核裂变。

这是一项极为重要的发现。《部分与全部》一书记录着海森堡和魏茨泽克的如下对话：

"快中子无论如何也无法引发自然界中存在的天然铀发生

链式反应，所以原子弹恐怕造不出来，这是非常值得庆幸的。"当时海森堡并不知道仁科的研究成果，所以认定原子弹不可能被制造出来。

仁科还计划建造大型的回旋加速器。为了请教相关设计问题，仁科派遣矢崎为一等几位研究员前往美国加利福尼亚大学伯克利分校的欧内斯特·劳伦斯教授处。当时劳伦斯已经参与了美国的原子弹开发计划，所以美国联邦政府禁止他对外开放自己的实验室。不过劳伦斯还是很欢迎远道而来的矢崎一行。当劳伦斯听矢崎谈到由"快中子"引发核裂变的研究成果后，他立即进行了重复验证。此时距日美开战还有两年。

6 年后被投在广岛和长崎的原子弹中使用的就是快中子。

1941 年 4 月，日本陆军委托理研的仁科进行"铀核裂变的军事用途调查"。这与海森堡收到的前往"铀俱乐部"的召唤令不同，不是一个强制性的命令。仁科想全力研发大型回旋加速器，起初对陆军的委托持消极态度。可是出于想保护年轻人免服兵役，希望能把巨额的研究费用分配一部分给回旋加速器的建设等原因，仁科最终还是接受了委托。

仁科在接受委托前，对负责的军官解释说："核裂变既可以用来制造原子弹，也可以成为能源的来源，不知道哪种用途会更早被研究出来。"据说对方的回答是："先研发出哪个都可以。"仁科和军官之间的对话让人不禁回想起海森堡和魏茨泽克的交谈。

1941 年 12 月，偷袭珍珠港事件宣告日美之间开战，半年后日本海军在中途岛海战中惨败。

当时朝永主动向仁科提出帮助进行铀浓缩的理论计算，仁科却拒绝了他，"你这样的人还是专心学习吧"。彼时朝永专注于量子电动力学的研究，在理研的杂志上刊载了《相对论性量子场理论的范式化》一文，这篇论文是日后帮助朝永获得诺贝尔物理学奖的成果之一。仁科也许是明白朝永所从事的基础科学研究的重要性，所以才特意让他远离原子弹研究的吧。可是朝永并不可能远离军事研究。他在海军技术研究所对雷达技术中磁控管的振荡构造和立体线路进行了理论方面的研究。

作为科学家的好奇心、作为人的伦理观

戏剧《哥本哈根》讲述了海森堡和玻尔的往事，也有一部以朝永为人物原型的戏剧，这就是以位于本乡的出租屋为舞台的群像剧《东京原子核俱乐部》。我曾在六本木的俳优座剧场看过这出剧。剧中关于物理学的台词都很准确，对朝永内心纠结的描写让我这个科研工作者也心有戚戚焉。

这部戏剧后半部分的主题是研发原子弹，以及科学家对此

事的态度。剧中以朝永为原型的角色"友田"在战后再次造访出租屋，那里被烧得只剩下断壁残垣。"友田"就广岛、长崎遭到原子弹轰炸一事说出自己的苦恼："人类的大脑皮层只要还在发育，就不会停下对自然法则的探索。"

在戴森的《宇宙波澜》一书中，也有费曼在横穿美国的旅途中倾诉心中纠结的场景。费曼在曼哈顿计划中担任计算机部门的负责人，他们想尽快制造出原子弹，一定不能落后于德国。对此费曼回忆道：

"我们过于用力地划桨，至于谁都没有意识到德国已经掉队了，只有我们在独自竞争。我们冲过了终点线，第一颗实验性原子弹爆炸的那天……我坐在吉普车的发动机罩上，兴高采烈地敲着邦哥鼓。"

书中还写道："后来费曼终于有时间细细思索，他发现起初自己本能的回答（费曼被邀请参加原子弹研发工作时，他脱口而出的话是：'我不想参加。'）也许是正确的。自此之后费曼完全拒绝参与军事部门的研究，他深知自己在工作方面能力卓越，而且过于享受工作的过程。"

海森堡、戴森、朝永、费曼他们的故事的共同点是作为科学家的好奇心和作为人的伦理观之间的矛盾。

求知的好奇心驱使科学家不断探索、揭示自然现象。我与佛教学者佐佐木闲共著的《真理的探索》[49]一书中，对人类的求知欲是这样写的，"万物在能发挥其作用时是幸福的"。举个例子，我家养的梗犬属于猎犬的一种，它在原野上追逐松鼠和小鸟时显得特别快活。就人而言，正如笛卡尔所说的"我思故我在"，人有意识，能思考，这是人感受到自己活着的根本所在。因此我在书中写下自己的结论："想要更深刻、更准确地理解事物是意识的根本功能，所以对事物的深刻认识能够带来更深远的幸福感。"

但是我们也要看到，科学家发挥揭示自然现象这一作用，有时会因此和自己的伦理观产生矛盾。例如军事技术往往需要达到科学技术的极限，军事技术的研发蕴含着许多极具挑战性的课题，这将激起科学家浓厚的好奇心。可是这种研究的结果有时会给人类带来巨大的灾难。

科学领域的发现无关善恶

基础科学的研究拓展人类知识的边界，追求科学和技术的极限，因此从基础研究中孕育出的技术经常有意想不到的用途。例如位于瑞士的欧洲核子研究组织（CERN）主要研究粒子物理学，为了让该组织内的数千名研究者共享数据，该组织发明了在互联网上交互信息的万维网（World Wide Web），今天我们所有人都从中受益。

　　基础科学的发现，其自身在伦理层面没有善恶之分。在它们刚被发现的时候，人们往往并不知道这些发现具备怎样的实用性。为此，我们称科学领域的发现具有"价值中立"性质。这里的"价值"指是否对社会有用，是否危害社会，不是指这项发现本身所具备的学术价值。"价值中立"是活跃于19世纪末到20世纪初的社会学家马克斯·韦伯在谈到科学是独立于政治、伦理、社会、经济等价值判断的知识体系时所使用的表达，他认为这是科学应有的面貌。

　　从价值中立的科学发现中找出社会价值、经济价值，并将其实用化，这是不同于科学的另一种创造性工作。例如理化学研究所的创始人大河内正敏划分了探索纯粹的科学的研究部门和将科学研究的发现转化为新产品的研发部门，研发部门将研究部门的科学发现实用化，并以此创立了多家创业型企业。大河内正敏所从事的就是"从价值中立的科学发现中找出价值"的创造性工作。

　　从科学发现中也能找到军事方面的价值。例如超脱尘世的天文学，其中用于观测方面的最尖端技术也能用于军事领域。为此，出于对具有军事价值的技术会流失的担心，越来越多的美国大型天文项目禁止某些国家的科学家参与。

　　军方和天文学者，一方是出于军事目的，另一方是为了研究基础科学，曾经各自独立地发明了相同的技术。美苏冷战最盛的时期，美国国防部开发了用于追踪苏联间谍卫星的相关技术，可是从地面拍摄人造卫星时，由于大气湍流的扰动，画面会扭曲变形。军方向科学家求助，科学家将目光投向大气层的钠层，想到发射激光来激发钠层发光。用上空的钠层发出的光观测大气湍流，就能修正所拍到的间谍卫星的图像。这项技术被称为自适应光学，属于军事机密。可是法国科学家为了观察天体也研究出了同样的技术，还写成论文公开发表出来。美国国防部只好公布了这项保密技术。在这个例子中，通过观测大气湍流来修正图像的技术本身是"价值中立"的，既可以用于军事目的，也可以用于基础科学的研究。

最近发展迅猛的量子计算机和 AI 技术等，本身也是价值中立的。这些技术既可以用来提高人们的生活品质，也可以应用于军事领域。由于量子计算机可以用于破解敌对国家的密码，美国国防部对此投入了大量的研究资金。大数据的技术被不正当地应用于政治领域也成为很大的问题。

正如村上阳一郎在《新科学论》[50] 一书中指出的，"科学原本就是人类的活动"，将科学"与人类和人类社会割裂开来"，使之独立存在是不可能的。海森堡、朝永、戴森、费曼的困惑与纠结已经是 70 多年前的事了，可是求知的好奇心与伦理层面的善之间的矛盾依然是我们需要面对的问题。有志于从事科学技术工作的人，应该读读他们的回忆录，问问自己，如果自己遇到同样的情况要怎么做。

基础科学这段没有地图的旅程——汤川秀树的《旅人》

前文多次提到朝永振一郎的著作，这里也谈谈汤川秀树（见图 1-8），他作为朝永的竞争对手，让朝永颇感痛苦。

汤川是我少年时代心中的英雄。我上小学时读过汤川的传记，讲到他半夜躺在床上想到介子的存在。仅凭思维的力量就能够抵达自然界最高深且确定不移的客观事实，这让我深受感动。在授予汤川诺贝尔奖的颁奖仪式上，瑞典皇家科学院院长称赞他说："您的大脑就是实验室，纸和笔就是您的实验仪器。"

图 1-8　汤川秀树（1907—1981）

《旅人》[51]一书是汤川50岁时写的回忆录，时间跨度从孩提时代到发现介子理论。书名取自"探索未知世界的人们是没有地图的旅行者"这句名言。在工程学科等领域，有"想把这样的东西变为现实"的明确目标，向着这个目的地去描绘地图也许比较容易。可是在基础科学领域，研究的进展很难按照自己设想的那样进行，最终得到的结果和最初的目标往往是两回事。就我个人的经验来看，研究没有按照计划进行，意外的发现往往能带来更好的成果。没有地图，也没有明确的目的地，在摸索中前行的"旅人"，我特别理解这个比喻所蕴含的深意。

在日本，提到理论物理学家，似乎汤川秀树比朝永振一郎更有名气。可我更倾心于朝永的研究方式。下面就谈谈我的理由。

朝永和汤川所研究的基本粒子理论，主要有两大领域：

1. 研究"量子电动力学""超弦理论"等理论，找出运用这些理论来解释自然现象的方法。
2. 利用找到的这些理论性的方法，构筑解释基本粒子现象的"理论模型"。

汤川的介子理论提出了介子这一"理论模型"，旨在解释自然界中的基本的力，汤川的研究属于第二大领域的范畴。朝永完成了量子电动力学，在第一大领域留下了很大的成果。日本科学家成为 2008 年的诺贝尔奖的大赢家，在物理学的获奖者中，南部阳一郎发现了对称性自发破缺机制，他的研究成果属于第一大领域；益川敏英和小林诚预言了存在 6 种以上夸克，他们的研究成果属于第二大领域。

我自己一直致力于量子场论和超弦理论的理论性探索，属于第一大领域。为此，当我读到朝永的"留德日记"时，对他所记述的研究方面的苦恼感同身受。另外，通过读他的书我学到了他的思考方法，这对我的研究也不无裨益。在我还是小学生的时候读到汤川的传记，知道他躺在被窝里想到介子的存在，感到十分敬佩。可是他的这种想法完全是天才所为，对于我的研究没有借鉴意义。

创造概念——薛定谔的《生命是什么》

在本章的最后，请允许我再介绍一位物理学家。我在学生时代读过他的书，他的书带给我很大的影响。他就是出生于奥地利的理论物理学家埃尔温·薛定谔，他和玻尔、海森堡一起为创立量子力学做出了巨大贡献。著名的思维实验"薛定谔的猫"展示了量子力学的奇妙性质，想必很多人都听过这个实验的名字。

　　在海森堡创立量子力学的第二年，薛定谔发表了量子力学的基本方程。他提出的方程式在数学层面与海森堡的理论是等价的，但是两者的表达方式完全不同。海森堡的理论用到了一些全新的数学内容，当时的物理学家们对此不太熟悉，所以都认为它晦涩难懂。而薛定谔的方程式对索末菲这样的古典派的物理学家来说也是很好理解的。

　　在《部分与全部》一书中，作者回忆了在索末菲的讨论课上，海森堡与薛定谔正面交锋的情景。他们二人在对量子力学的解释方面持不同意见。因为薛定谔的方程式明白易懂，所以更有说服力，索末菲也赞同薛定谔的见解。海森堡十分失望，在书中写道，"在这场辩论中我很不走运"，可是量子力学后来的发展说明了海森堡的解释是正确的。

　　我要介绍的薛定谔的书并非量子力学方面的著作，而是一本和生物相关的书。由于祖国奥地利被纳粹德国吞并，薛定谔逃亡至爱尔兰。《生命是什么》[52]是薛定谔根据他于 1943 年在爱尔兰进行的演讲写成的。

　　生命这种自然现象实在太神奇了，连生物学家也无法简单地定义。薛定谔用物理学的研究方法来探索"生命是什么"这一庞大的课题。他在这本书中论述的景象给后来发现 DNA 双螺旋结构的弗朗西斯·克里克和詹姆斯·沃森带来很大启发。

物理学是"方法的学问",这些方法不仅能用来理解物体的运动,还能用来理解所有的自然现象。我在大学的通识课阶段学过的《费曼物理学讲义》中也曾提到,可以运用物理学的方法理解蜜蜂眼部的结构。不过费曼在这部分的论述也只是光学这一物理学传统领域的相关理论的应用。而薛定谔用物理学观点深刻分析了"生命是什么"这一生物学的本质问题,力图以此开创全新的理论。他打开了一扇新的窗户,让人惊叹"原来物理学可以应用于各种问题"。

薛定谔在此书中强调,物理学之所以能不断进步,其中"创造概念"起到了很大的作用,我对此印象深刻。

在物理学的发展进程中,有好几次是新的概念起到了至关重要的作用。例如与电场、磁场、引力场相关的"场"的概念就是这样。"场"不像物体一样存在于空间的某一处,它表示分布于整个空间的状态。人们花了很长时间才接受"场"这个概念。

关于场的概念是如何登上物理学的舞台的,爱因斯坦和英费尔德合著的《物理学的进化》[53]一书这样写道:

"在物理学中出现了一个新的概念,这是自牛顿时代以来最重要的发现:场。用来描写物理现象最重要的不是带电体,也不是粒子,而是带电体之间与粒子之间的空间中的场,这需要很大的科学想象力才能理解。"

从山本义隆所著的《磁力与引力的发现》[54] 一书的书名中，也能窥见场的概念是如何在物理学中慢慢扎下根来的。

由此可见，为了解释新的现象，往往需要新的概念。薛定谔指出，如果想用物理学的观点解读"生命是什么"这样宏大的问题，应该需要一些新的概念。具体是什么概念，他并没有给出明确的答案。我通过阅读这本书，理解了概念在学术研究领域的重要性，这也给我后来的研究工作带来了巨大的启发。

专栏·概念需要谨慎对待

　　概念的重要性并不仅限于物理学。国谷裕子女士是一位新闻主播，她曾是 NHK 报道节目《聚焦现代》的首位主持人，担任时间长达 23 年。国谷裕子在《我是主播》[55] 一书中引用了与诗人长田弘的一段对话。长田说："对新闻节目来说，就是当出现从未发生过的事情时，要去寻找合适的语言来表述，否则是无法传递给观众的。换句话说，新闻在传递信息的同时，其实也在提出新的概念。……对于不明了的事物，语言会对它进行定义。"⊖

　　在新闻节目中找到表述新的事实的语言，和在物理学领域定义新概念有相通之处。

　　国谷还指出，这些表述新的事情的语言，有时也是一把双刃剑。比如"扭曲国会"这个词，用来形容众议院和参议院的多数派分别由不同的政党形成，这个词里蕴含着一种对正误的预判。国谷认为"扭曲"这个词会被理解为"不正常的、应该被纠正的"。固然"扭曲国会"会导致法案迟迟无法通过，但这种"扭曲"的状态也是选举的结果，是民意的体现。在做决

　　⊖　本段译文引自《我是主播》，国谷裕子著，江晖译，上海译文出版社，2021年 6 月出版。——译者注

策时众议院与参议院相互确认，虽然花了更多的时间，但也使得决策流程更加完善。

有时被创造出来的概念会脱离初衷自行发展，进而束缚了思想，这种情况在物理学领域也时有发生。物理学家在研究热现象时用了"热"这个词，在这个概念的影响下，曾经有一段时间热被认为是物质的固有的量。后来随着热力学、统计力学的发展，发现热并不是物质固有的性质，而是物质间能量交换的形态之一。

我无法认同笛卡尔在《谈谈方法》中证明神存在的内容，因为笛卡尔的证明中存在"如果有概念就有与之对应的实体"这样一个谬误。概念能够帮助我们理解事物，但也需要被谨慎对待。

如果想到一个新的概念，为它取个好名字也至关重要。原子核中的质子和中子都由 3 个基本粒子组合而成，不同的组合方式决定了构成的是质子还是中子。提出这一设想的默里·盖尔曼将这些基本粒子命名为"夸克"。盖尔曼在詹姆斯·乔伊斯小说《芬尼根的守灵夜》中读到海鸥鸣叫了三声"夸克"，受到启发后便将这些粒子命名为夸克。

在同一时期，关于这些基本粒子，乔治·茨威格的观点与盖尔曼不谋而合，茨威格给这些基本粒子起名叫"艾斯"（Aces，扑克牌中的 A）。可是扑克牌中的 A 并非 3 张，而是 4 张，所以这个名字不太贴切。因此夸克这个名字深入人心，"盖尔曼发现了夸克"这一印象变得根深蒂固。

第 2 章

四处求学的
时代

创造新知

第 1 章回顾了我从上小学到大学理学部毕业的历程，我因为立志从事粒子理论方面的研究，所以本科毕业后选择在研究生院继续深造。

博士研究生的任务和以往的学习完全不同。

在日本，当研究生进入博士课程时，就要开始以博士论文为目标的研究。在美国的研究生院，同一时期还要进行博士资格考试。考试委员会由各相关领域的教授组成，学生需要在各位教授面前发表研究计划并进行口试。口试的内容包括该领域的相关知识、研究现状及对未来的展望。考试委员会根据学生的研究计划及口试表现决定该生是否有能力完成可授予博士学位的研究。学生如果通过博士资格考试，就可以被称为"博士候选人"，开始正式的研究工作。这是研究生中的一种身份，有些人会很自豪地介绍自己是"博士候选人"。

学生完成了博士论文，终于开始论文答辩。论文答辩需要回答答辩委员会的教授提出的各个方向的问题，需要让他们认

同"该研究生通过自己的研究拓展了人类的知识，在推动科学
进步方面做出了有价值的贡献"。对于导师来说，所指导学生
的博士论文答辩也是对自己教育和指导能力的检验。每当我指
导的学生答辩的时候，我也很紧张。

由此可见，只有创造了新的知识的人，才会被授予博士学
位。只是知识丰富，并不能成为博士。发现前人未知的事物，
推动人类知识进步才是获得博士学位的条件。

研究生阶段应该具备的三种能力

在本书第 1 章的"大学毕业前的三个学习目标"一节中，
我认为到大学毕业为止的学习目标是以下三条：

1. 培养独立思考的能力。
2. 掌握必要的知识和技能。
3. 提高表达能力。

进入研究生院后目标又有所不同，我认为研究生阶段应当
培养以下三种能力：发现问题的能力、解决问题的能力，以及
锲而不舍地思考的能力。

1. 发现问题的能力

到大学毕业为止的教育，可能都是解决别人给你的问题，而在研究生院，需要培养自己发现问题的能力。而且发现的问题不一定越新越好。

我在高中时期读过的彭加勒的《科学与方法》一书，书中指出，取得能够给科学的广泛领域带来影响的普遍性成果至关重要。我们也要看到，这个目标必须是运用现有的知识和技术能够达成的。因为要在攻读博士学位的数年中完成论文，所以需要找到在读博期间有可能解决的问题。

为了找到这样的"好问题"，应该先俯瞰自己的研究领域，认清什么是最前沿的研究。既有发展前景，又有挑战性的问题应该比这些研究更进一步。基于对学科领域前沿研究的认识，我们就能够找到可以通过努力工作解决的、难度适中的研究课题。这正是研究者应该具备的发现问题的能力。

美国研究生院的"博士资格考试"也是在考查学生是否找到了这样的"好问题"，只有做到这一点，才有资格成为博士候选人。

2. 解决问题的能力

需要具备解决问题的能力是理所当然的。千辛万苦找到一个好问题，如果无法解决也无济于事。我们有时会发现，有些学生认为只有掌握了全部的知识和技术才能投入到解决问题的工作中。可是最前沿的研究需要我们深入前人未曾涉足的领域，解决无人能解的难题，所以往往不知道到底需要具备什么样的知识和技术。

所以不要袖手旁观，要有下定决心迎向问题的勇气。通过努力解决具体问题，就能了解到底需要哪些知识和技术，随之也能产生集中精力、高效掌握相关知识的目标意识。在有需要的时候迅速学习、掌握新知识、新技术，并将其应用到研究中，这也是"解决问题的能力"之一。

3. 锲而不舍地思考的能力

实现有价值的发现，拓宽人类的知识并不是一件简单的事。想要最终寻得答案，就需要花大量的时间，锲而不舍、坚韧不拔地持续思考。我最初切身感受到这一点，是在 20 多岁去普林斯顿研究所做研究员的时候。

去普林斯顿之前我在东京做研究工作，当时我看到普林斯顿接二连三地发表了具有划时代意义的论文。所以去普林斯顿赴任前我心中惴惴不安，不知道那里汇集了怎样的一批天才和精英。

可是到了普林斯顿和大家交流后，发现他们平时的讨论也并不是那么犀利。看到他们一边往黑板上写算式，一边苦恼地说"这样也不对，那样也不行"的时候，感觉和我在东京的时候也没有分别。

可是我们的区别在于持续思考的体力。他们第二天、第三天都待在同一块黑板前面苦思冥想，路人经过时往往就会被拦住问意见。或者他们会关在研究室里从早到晚进行冗长的计算，坚韧不拔地思考同一个问题，最终解决它。不屈不挠地思考，直到完全透彻地理解问题，我对这种强韧的耐力深感佩服。

正如汤川秀树在自传《旅人》中写道："探索未知世界的人们是没有地图的旅行者。"科学研究就像是为了寻找绿洲而在沙漠中踽踽前行。因为没有地图，所以不知道往哪里走能找到绿洲，甚至未必有绿洲的存在。有时会深感困惑，不知道花了好几年时间思考的问题是不是能结出果实。即便如此，也要一直思考下去，这就需要锲而不舍的精神。

我的好友内桑·贝尔柯比茨也是一位研究者，他和一名巴西女性结婚后移居布宜诺斯艾利斯，如今在联合国教科文组织的南美基础研究所担任所长。他研究"弦场论"这个庞大的课题，旨在使用量子场论的形式完成弦理论。这是个很难的课题，目前还未完成。可是他在研究其他课题时，也必定每天抽出一小时坐在书桌前思考弦场论。这个习惯并非只有几个月，而是已经坚持了30年以上。他持之以恒地研究，到达了别人难以企及的高度。

后面的章节会提到我也有几项花费了几十年才完成的研究。我在博士论文中没有解决的问题，后来用了 20 年终于交出了满意的答卷。这样的研究带给我莫大的成就感，也在学界获得了很高的评价。

当然这样的研究也有风险，也许花费了数年不懈研究，却没有获得任何成果。所以专业的科学家们往往会同时进行重要但有风险的项目和较短期间内能获得切实成果的项目。

如果向投资顾问咨询投资股票事宜，他们一般会建议不要只买一只股票，应该组合购买有风险但可能带来高回报的股票和行情稳定、前景较为明朗的股票。这种操作被称为投资组合（portfolio）。同样，研究者也应该精心规划，做好自己研究项目的投资组合。

可是即便规划了合理的研究策略，因为基础科学的研究就像是没有地图的沙漠之旅，所以经常是思考了一整天也没有什么进展，每天都行情萧条。没有起色的日子持续一段时间后，某一天突然研究有了进展，感觉之前的努力就是为了这一天的到来。既然从事基础研究，就要接受这样的情况。正因为有了长期停滞不前之后终于突破障碍（创新性发现）的体验，下一次遇到难题就能持之以恒地进行研究。

在研究生阶段应当具备"发现问题的能力""解决问题的

能力""锲而不舍地思考的能力"这三种能力，这些能力在学术以外也很有用。我在美国担任过加州理工学院理论物理学研究所所长、阿斯彭物理中心主任，在日本担任东京大学科维理数学物理学联合宇宙研究机构主任。我和众多工作伙伴一起合作过，我发现具有主动性，能够自主发现及解决问题的人能"成大事"。"在没有地图的地方开辟道路，发现前人未知的事物，拓宽人类知识的疆域"这样的经验对研究者本人而言也弥足珍贵。

因此，获得博士学位的人在欧美的企业中有十分宽广的就职前景。欧美的行政机构中也有不少博士官员。德国内阁中约三分之一的阁僚拥有博士学位（2021 年 3 月数据）。日本推行大力发展研究生院的政策，博士毕业生数量有所增加，但是灵活运用这些人才的体制还未构建起来。日本想要结束跟着欧美跑的局面，在纷乱的世界中开辟新的道路，就必须重新考虑如何在企业及社会中让博士人才真正发挥作用。

反复学习数次的"量子场论"

研究生阶段的任务不是学习已有的学问，而是创造新的知识。可是我在开始基本粒子理论的研究时，有一项知识还比较欠缺，这就是"量子场论"。

将量子力学的原理与电场、磁场、引力场等"场"相结合，就是量子场论。费曼、施温格、朝永的量子电动力学是量子场论最初的例子。后来量子场论应用在物理学的各个领域中，特别是在基本粒子理论领域，量子场论作为一种基本的研究语言，是必须掌握的知识。

但是因为量子场论尚未完成数学方面的严谨的范式化，所以并非是把一本教材从头到尾学一遍就能掌握的。因此我反复学了好几次。

最初尝试量子场论的学习是在大学二年级的时候。我去请教井上健老师应该读哪本书。井上老师二战期间在基本粒子理论领域的成就而知名，他当时在京都大学通识学院任教授，即将退休。

在二战爆发前夕的 1937 年，人们在对宇宙射线的研究中发现了新的粒子，人们认为这可能是汤川秀树所预测的介子。汤川秀树的介子理论也由此备受瞩目。当时朝永正在德国留学，在这样的背景下，他在"留德日记"中提到汤川等人时不无羡慕地写道："他们干劲十足，我来德国以后一直无精打采。"可是后来探明这些新粒子的性质与汤川的预测并不相同，井上等人认为这些新发现的粒子不是介子，这个看法在战后被塞西尔·弗兰克·鲍威尔的实验所证实。

井上老师向我推荐了一本 1951 年出版的量子场论的教科

书，他说，"我们年轻的时候只要读了这本书就可以写出论文了"。可是我读这本书的时候距离出版已经过了 30 年，感觉教材的风格比较老旧。不过通过这本教材我认真学习了施温格一派的"代数型"量子场论，觉得还是受益匪浅。

与力学、电磁学等已经确立的领域不同，量子场论是一个正在发展中的热门领域，所以教材也不断地推陈出新。我上大三的时候有位学长向我推荐了另一本教材，这本书虽然是 15 年前出版的，但和井上老师推荐的那本相比，我读来仍觉得令人耳目一新。

后来我又读了一些量子场论的教材，给我影响最大的是研究生一年级时学习的西德尼·科尔曼讲义集。

"我来晚了"的自卑感

刚开始研究生阶段的学习时，关西地区专攻基本粒子理论的研究生每到周末会进行封闭学习，当时发的参考资料就是西德尼·科尔曼讲义集。我还记得坐轻轨电车前往位于宝冢的培训基地时在车上如痴如醉地读这本书，觉得里面的文章像侦探小说一样让人激动不已。

科尔曼是哈佛大学的教授，从 1966 年到 1979 年，他每年都在意大利西西里岛埃里切小镇开设的粒子物理学暑期学校授课，讲授量子场论方面最前沿的研究。他的讲义后来结集成书出版，即《对称性面面观》[56]（ *Aspects of Symmetry* ）。科尔曼在此书的序言中这样描述当时的气氛：

"那是量子场论获得历史性胜利的时代，对基本粒子理论的研究者来说，那是一个最好的时代。被荣光所包裹着的量子场论的凯旋巡游队伍里，满溢着从遥远的国度带来的奇珍异宝，沿途的观众为这壮丽图景屏气凝神，又爆发出阵阵的欢呼。"

我在那光荣的时代结束之后才开始研究生阶段的学习，所以对量子场论有一种"我来晚了"的自卑感。为了弥补这一遗憾，我便反复学习相关知识。

对于研究生教育而言，开设在漫长的春假、暑假和寒假之中的研修班起着非常重要的作用。因为研究生水平的教育完全由一所大学的教授承担不太现实，所以往往会将世界各地某一领域的研究生汇集起来，由最顶尖的研究者进行集中授课。在为期几周的封闭式培训中，研究生和授课教师、其他大学的研究生亲切交流，这也是构筑学界人际网络的宝贵机会。

在基本粒子领域，位于意大利的里雅斯特市的国际理论物理中心开设的春季学校、法国莱苏什的暑期学校、美国科罗拉多大学博尔德分校的暑期学校非常有名。我也和印度、中国、韩国、日本的超弦理论领域的研究者合作，每年 1 月在亚洲举办冬季学校。

在这些研修班中，科尔曼讲授量子场论的埃里切小镇暑期学校尤为著名，已有半个多世纪的历史，我也曾应邀在这里授课。

设立这所暑期学校并担任校长的是安东尼诺·齐基基教授，他的研究领域是基本粒子实验。齐基基教授出身于当地拥有几个世纪历史的名门望族，他率小镇全体居民一起款待授课教师和学生。

我一到小镇，就收到一份餐厅名录，去上面的任意一家餐厅，只要说"我是齐基基教授的客人"，就能免费享用美味的餐食和葡萄酒。

关于齐基基教授，有很多传说，其中找回失窃的租赁汽车的故事特别有名。

一位来自美国的研究生想在暑期学校结束时环游西西里岛，就租了一辆车，停在宿舍门前。结果某天晚上这辆车失窃了。一筹莫展的学生去找齐基基教授商量，教授一开口便说，"一定是哪里弄错了"。第二天早上，学生发现那辆失窃的汽车就停在宿舍门前，车被擦得锃亮，油箱里加满了油。

向"刺猬"和"狐狸"学习

我在研究生一年级的时候，曾经听过两位风格迥异的老师讲授量子场论的课，令我受益匪浅。

一位是出生在京都，时任京都大学理学部副教授的九后汰一郎老师。他年少有为，在量子场论的基础研究方面有重大发现，1980 年获仁科纪念奖时才 31 岁，引起学界轰动。我读研究生时是 1984 年，当时九后老师是风华正茂的学界新星，基本粒子理论专业的学生都很崇拜他。

另一位是毕业于东京大学，当时在基础物理学研究所任副教授的福来正孝老师。福来老师日后运用超级计算机进行了量子场论的大型数值模拟，并以此荣获仁科纪念奖。

虽然同属量子场论这一课题，但是两位老师的授课风格完全不同。九后老师会反复打磨一个理论，而福来老师是"拼体力"的风格，用已有的理论解释尽可能多的物理现象。

"狐狸多技巧，刺猬仅一招"，人们认为这是古希腊诗人阿基罗库斯说的话。这句话经过英国哲学家以赛亚·伯林的介绍后变得广为人知。伯林认为亚里士多德、莎士比亚和歌德属于"狐狸"，而柏拉图、但丁和黑格尔属于"刺猬"。托尔斯泰则是"想成为刺猬的狐狸"。看到伯林列举的阵容，就知道分出"狐狸"和"刺猬"不是为了比较谁更胜一筹。

在物理学研究中，"狐狸"和"刺猬"也同样重要。我有幸跟随刺猬型的九后老师和狐狸型的福来老师学习量子场论，切身感受到了粒子物理学的深度和广度。理解自然现象的方法不止一种，费曼一生身体力行的研究实践也向我们展示了这一点。

"大栗最喜欢扭曲的东西"

另一位在我读研究生时期对我多有关照的是基础物理研究所的副教授稻见武夫老师。当时的基础物理研究所中，基本粒子理论研究就像是东京大学的一块"飞地"，稻见老师与福来老师一样，都是东京大学毕业的。

稻见老师为人坦诚，指导学生亲切耐心。我最初的 3 篇论文都是和稻见老师合作撰写的，稻见老师认真地指导我如何写论文。现在我在指导学生写论文时，也时常会回忆起稻见老师当年是如何指导我的。

稻见老师善于交际，在国际交流的舞台上，他作为学者的礼貌礼仪堪称典范。国际会议的目的不仅仅是做演讲、听演讲，在茶歇、晚餐会、当地游览等非正式场合的交往交流也很重要。通过这些交流，往往能获得推进研究的启示，找到新的研究方向。稻见老师身体力行地教给我们这些道理，大大帮助了我在日后构筑起学术领域的人际交流网络。

在我们进入研究生阶段学习之初，稻见老师就引领我们了解研究的最前沿的领域。稻见老师带着我们读过比勒尔和戴维斯共著的《扭曲时空中的量子场》[57]（*Quantum Fields in Curved*

Space）一书，这本书在我读研究生前的 2 个月刚刚出版。爱因斯坦在广义相对论理论中，把引力表述为时间和空间的扭曲。这本书的主题就是探究在这种"扭曲时空"中的量子场论领域的现象。

当时基本粒子研究领域的学者中几乎没有人关注引力的问题，因为在基本粒子实验中引力的影响小到可以被忽略。可是我在稻见老师的指导下学习了"扭曲时空中的量子场"问题，对引力产生了浓厚的兴趣。

基本粒子理论研究的终极目的就是用一组理论来解释自然界的所有基本粒子与它们之间相互作用的力。这一理论中理所当然也包含引力。比勒尔和戴维斯的教科书中探讨了很多将引力理论和量子场论结合起来，创造一个统一的理论时所必须考虑的各种问题。这一领域充满了未知的问题。我不禁想起了小学时读到 BlueBacks 丛书中《空间真是弯曲的吗》这本书时的兴奋感。我身在基本粒子研究室，却整天说和引力相关的话题，被调侃道，"大栗君你最喜欢扭曲的东西啊"。

可是比勒尔和戴维斯的教科书对引力的探讨并不充分。书中深入探讨了在受引力影响而扭曲的时空中，应该如何看待基本粒子及电磁场的量子力学。可是书中并未将量子力学的原理运用于引力本身。在这种不彻底的研究路径下，进一步探索就会产生矛盾。

　　为了解决这一矛盾，需要能将引力和量子力学统一起来的理论。在我刚读研究生的时候，"超弦理论"作为这种统一理论的候选者，已经为世人所知。可是出于某个原因，该理论并为引起广泛关注，接下来我就介绍一下原因所在。

　　在基本粒子理论中，将电子、夸克等物质的基本单位看作不具备长度和面积的数学意义上的"点"。而在超弦理论中，物质的基本单位像"弦"一样在一维方向延展。超弦理论最初的版本是 20 世纪 60 年代由南部阳一郎等人提出的。1974 年，人们发现这一理论中可以包含引力。因为超弦理论是顺应量子力学原理的理论，所以超弦理论可以将引力和量子力学统一起来。

　　那么可以想见超弦理论会备受瞩目，全世界的研究者纷纷投身这一领域的研究，可是科学的历史并未如此书写。

　　正如科尔曼在埃里切小镇的讲义集中所写的那样，20 世纪 70 年代是量子场论获得"历史性胜利的时代"。量子场论一次次地解释了基本粒子实验中所发现的种种现象，反复进行着"被荣光所包裹着的量子场论的凯旋巡游"。反观超弦理论，虽然很好地兼容了引力问题，但是作为基本粒子理论是很不完善的，甚至不能解释电子的基本性质。

　　所以从 1974 年发现之后的 10 年间，基本粒子理论的主流

仍是量子场论，这 10 年也是超弦理论的寒冬期。我在 1984 年
进入研究生院学习时，正是这样一种状况。

抓住幸运女神的刘海儿

1984 年夏天，我听到一个大新闻。坐落于美国科罗拉多
州的群山中的研究所有重大发现，据说解决了"超弦理论无法
解释电子的基本性质"这一问题。

做出这一重大发现的是加州理工学院的约翰·施瓦茨和
当时在伦敦大学的迈克尔·格林。在此之前的 10 年间，超弦
理论的研究者一只手就能数得过来。在这样的大环境中，他
们兢兢业业地默默钻研。终于，在 1984 年他们的努力结出了
硕果。

可是因为超弦理论在过去的 10 年间备受冷落，所以我身
边没有人深入了解这一理论，想拿到最新的论文也要花不少
时间。现在有文献信息的网络平台，能够在全世界同时读到最
新的论文。当时论文正式刊登在杂志上之前，会出所谓的预印
本，可以通过邮寄方式获取。从欧美的研究机构把预印本用海
运的方式运到日本，往往要花 3 个月以上的时间。对于日本的
研究生来说，想要紧跟学界的重大发现成果并不容易。

俗话说"幸运女神只有刘海儿"，这是指当幸运女神迎面

走来时你要迅速抓住她的刘海儿。若你略一犹豫幸运女神就会溜走，从后面是抓不住她的。

在前文关于"研究生阶段应该具备的三种能力"一节中，提到过"有时我们不能袖手旁观，要有下定决心迎向问题的勇气"。1984 年的夏天就是这样。我并没有准备好学习超弦理论，甚至不知道从何学起。我身在日本，研究方面的信息不算灵通。可是我想，若此时不能纵身跃入这方面的研究，我就抓不住幸运女神了。

继约翰·施瓦茨和迈克尔·格林发表论文之后，那年秋天爱德华·威滕也有一篇论文问世。

我们身处的空间是三维空间，所谓三维，是指能够向长宽高三个方向延伸。对此，超弦理论预言空间是九维的，这不符合我们对空间是三维的这一认识。可是如果紧化⊖掉其余的六个维度，问题就解决了。威滕等人运用了"卡拉比 – 丘成桐空间"这一数学概念，因此实现了运用九维的超弦理论来解释我们的三维空间，甚至还指出了从超弦理论导出基本粒子理论的路径。

众所周知，20 世纪 70 年代是电子和夸克的世界。例如，小林 – 益川理论预测有 6 种以上的夸克，这一理论在日后成为

⊖ 英文 compactification，又称紧致化，指改变时空中某些维度的拓扑结构，在弦理论中用于解决多维空间的额外空间问题。——译者注

获得诺贝尔物理学奖的成就。当我即将进入研究生院的时候，科学家们已经找到了 5 种夸克。威滕等人指出，如果超弦理论是正确的，那么"卡拉比－丘成桐空间的几何学方面的性质将决定夸克到底有几种"。

这篇论文令我心驰神往。我在上小学时，站在中日大厦的旋转餐厅里，运用三角形的性质测算了地球大小，从那以后我对运用几何的力量去理解大自然一事产生了浓厚的兴趣。广义相对论用时空扭曲的方式来解释引力，这也是我被广义相对论深深吸引的原因。既然有人指出连基本粒子的性质都是由卡拉比－丘成桐空间的几何学方面的性质决定的，那我一定要弄懂其中的奥妙。

可是我当时量子场论才学到一半，在基本粒子理论方面也有很多不懂的地方。这种情况下还要了解卡拉比－丘成桐空间这种数学领域最前沿的问题，所以我一边读论文，一边恶补为了理解论文所需的相关知识，简直就是拆东墙补西墙。虽然有些狼狈，但是我每天认真地研读论文。每年冬天基础物理研究所都要召开基本粒子领域的研讨会，有人提出，"据说大栗正在学习超弦理论，就让他试试吧"。于是我就奉命向大家介绍威滕的这篇论文。

研讨会上原本预定的演讲时间是 30 分钟，但是我想介绍的内容实在是太多了，2 个小时都没说完。最后保安强制关闭了会议室的暖气。多亏所长盛情邀请，让我们去有暖气的所长办公室接着讲。我记得那天我们 20 多人讨论到了深夜。

因为这个领域被忽视了 10 年，所以没有什么教科书，想要学习并不容易。可是也要看到正因为从事这一领域的研究的人屈指可数，所以像我这样刚入学不久的研究生，作为未来的学者，也有很多能做的工作。

我首先在九后老师的指导下，进行了将量子场论的形式应用在超弦理论方面的研究。九后老师擅长打磨理论的形式，让理论更加明白准确，所以我认为这项研究做得还是很出色的。当我终于得出论文的核心观点时，我从研究室回到住处，路上仰望星空，想到"世界上知道这个答案的只有自己"，在心中默默体味着这份感动。我做出了能和斯坦福大学、加州理工学院的研究团队一较高下的研究成果，体会到了追赶上世界最前沿研究的振奋之情。

去美国留学，还是去东京大学当助教

一般情况下，结束为期两年的硕士课程后，会直接升入同一研究生院的博士课程。可是我在京都大学读完两年硕士研究生后，去东京大学基本粒子理论研究室担任了助教一职。之所以从京都大学转到东京大学，是因为两所大学研究风格的差异。

当时东京大学的教师有身为日本代表性大学的一员的自豪感，因此时刻关注着世界最前沿的研究进展。他们作为日本的精英人物，继承了自明治维新以来的"赶超欧美"的劲头。

而京都大学的教师，有培养出汤川秀树、朝永振一郎等著名物理学家的成功经验。也许是受了汤川秀树的研究风格的影响，他们有一种心志，认为自己所做的研究是世界上独一无二、充满创意的。在他们看来，追赶海外研究的工作交给东大的教师就好了。

很难评判哪种方式更好。在东大的研究方式下，恐怕只是追着热点研究跑，也许永远追不到最前沿的研究。在京大的研究方式下，如果不是汤川、朝永这样的天才人物，研究者容易陷入自我满足中，研究容易出现加拉帕戈斯现象。[⊖]

我很幸运，能够在研究生阶段接触到这两种不同的研究方式。九后老师带领的理学部基本粒子研究室自然属于京大方式，而基础物理学研究所的稻见老师、福来老师则来自东大。

我在前文中写过，刺猬型的九后老师的一以贯之，狐狸

⊖ 加拉帕戈斯现象是指在孤立的环境下，独自进行"最适化"、而丧失和区域外的互换性。此词源自加拉帕戈斯群岛，该岛上的物种由于远离大陆，以自己固有的特色进行繁衍，从而进化成了一套自己的生态系统，该现象故以此命名。——译者注

型的福来老师的多元主义，这也反映了当时京大和东大的研究风格。

在我读研究生二年级的那年秋天，时任东京大学副教授的江口徹老师到访京都大学，并停留数周。江口老师在回国前一直担任芝加哥大学的副教授，回国后凭借与东京大学研究生川合光的共同研究成果获得仁科纪念奖。当时京都大学的九后老师和东京大学的江口老师同为 30 多岁的青年学界领军人物。

江口老师运用现代数学的强大理论技巧令我折服。在稻见老师的引荐下，我得以向江口老师汇报自己的研究成果。

当时超弦理论领域出现了革命性的新发现，因此也带来了激烈的竞争。全世界的研究进展日新月异，没有紧迫感就会落后。为此，我对无须紧跟海外研究这一京都大学的研究风格产生了怀疑。我去找稻见老师商量，他建议我申请美国的研究生院。于是我联系了哈佛大学和普林斯顿大学的老师，收到了积极的回复。可是我很犹豫，好不容易在京都大学研究生院读了两年书，都开始写论文了，如果去美国的话又要从研究生一年级读起。

就在我犹豫不决之间，发生了一件意想不到的事。东京大学西岛和彦教授的讲座助教辞职了，所以空出一个教职，东大方面问我是否愿意入职。据说是江口老师向西岛教授推荐了我。他说："京都大学的大栗不错，不如让他来试试？"这可真是个难得的机会。

在我去东京之前东大的老师对我说："你只要写出论文来，东京大学就可以授予你博士学位。可是硕士学位我们只能授予研究生院在读的学生，所以你一定要在京都大学拿到硕士学位再过来。"看来大家以为我是因为和京大的老师闹了不愉快，待不下去了。恐怕认为我想去美国留学也是这个原因。其实我只是出于研究的兴趣，想换个环境而已，在此我也特别解释一下，希望能消除误会。

我在赴美留学和担任东大助教之间犹豫不决，最终决定放弃留学去东大。人生之路不可回头，所以我也不知道这个选择是对是错。如果当时就远赴海外，也许会有不同的收获。但是考虑到当时是超弦理论飞速发展的时期，比起从研究生一年级读起，我认为通过担任助教一职，能够具备专业研究者的经验是件好事。当时国立大学的助教是国家公务员，不用担心任期问题，可以稳定地工作到退休，因而能够以长期的视野进行研究工作。

在引入电子邮件之前的电传

我去东京大学担任助教时还没取得博士学位，在学生中有些人也比我年长。所以当时有人为我担心，觉得这个工作不好干，所幸我对周围环境不那么敏感，不太在意这些事。

我和介绍我去东大任职的江口老师开展共同研究，做出了丰硕的成果。江口老师在我到任那年秋天去法国长期出差，担任巴黎高等师范学院的客座教授，所以我们之间联系起来不太容易。当时还没有电子邮件，日常用传真或电传联系。今天的年轻人恐怕都不知道什么是电传，我给大家展示一下（见图 2-1）。这是 1986 年 10 月 15 日我发给江口老师的电传，翻译后内容如下：

“费伊公式及其一般化意味着 2N 点的费米子振幅（具有 N 的涌出和 N 的吸入）与规范场背景下的真空振幅相等。由此可得到玻色化规则，华德等式也是其推论。因时网一周后就能用了。”

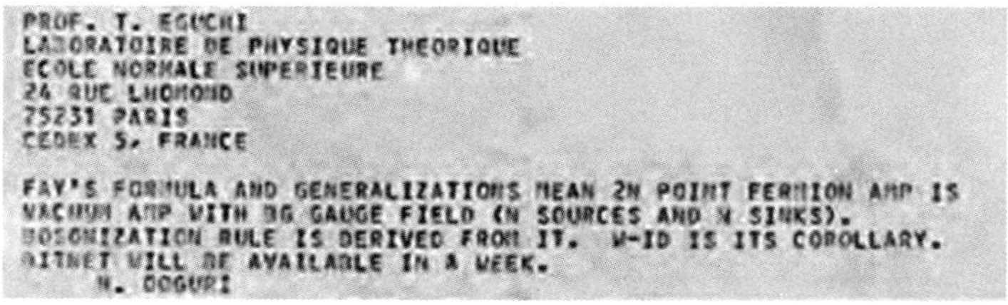
PROF. T. EGUCHI
LABORATOIRE DE PHYSIQUE THEORIQUE
ECOLE NORMALE SUPERIEURE
24 RUE LHOMOND
75231 PARIS
CEDEX 5, FRANCE

FAY'S FORMULA AND GENERALIZATIONS MEAN 2N POINT FERMION AMP IS
VACUUM AMP WITH BG GAUGE FIELD (N SOURCES AND N SINKS).
BOSONIZATION RULE IS DERIVED FROM IT. W-ID IS ITS COROLLARY.
BITNET WILL BE AVAILABLE IN A WEEK.
H. OOGURI

图 2-1 发往巴黎的电传

这封电传中的学术内容就不多谈了，里面记录了一个历史上有趣的事实。文中最后出现的“因时网（BITNET)”是指能发送电子邮件的计算机网络。因为我在电传中写道“一周后

就能用"，所以由此可以推断出东京大学引入电子邮件是在哪
一周。

不过当时的因时网发送电子邮件并不像现在一样便捷。发
送出的电子邮件先要送往美国国防部的阿帕网（ARPANET），
阿帕网可以看作互联网的起源。在发送中要经过各种网络节
点，所以不可能以光速瞬间送达。邮件发出后估算着"现在大
概到了这个节点"，这一情景和今天我们在亚马逊网站上购物
后查看物流信息的感觉差不多。其实当时都不能用自己的电脑
发邮件，只能去东京大学的大型计算机中心进行电子邮件的收
发工作。现在快递还能上门取件、送货到家，所以比当时发邮
件还要方便一些。

首次海外出差住进了韩国总统的别墅

在江口老师在巴黎期间，我还和石桥延幸（现任筑波大学
教授）和松尾泰（现任东京大学教授）两位研究生共同发表了
论文。加上之前和江口老师的共同研究，我的一系列研究成果
获得了学界较高的评价。

也是因为这些研究成果，我于 1987 年春季首次获得了海
外出差的机会。我被韩国科学技术院（KAIST）聘请为客座教
授，就我的研究成果进行系列讲座。

KAIST 设立于朴正熙总统执政期间，旨在培养高科技人才，防止优秀人才流失海外。为此在 KAIST 求学的学生都是精英人物，不仅能领工资，还拥有免服兵役的特权。

KAIST 的隔壁是韩国军方机构，在军队大院的深处有一片森林，森林里有一座房屋，是韩国总统曾经住过的别墅。我被安排在别墅的客房里住了一个月，每天都穿过军队大院前往 KAIST 讲课。

别墅里还住着伦敦大学著名的结晶学学者艾伦·麦凯（Alan Mackay）教授，他住在二楼的总统卧室里。当时准晶体刚被发现，被学界热议。准晶体是不同于通常的结晶的固体状态，后来成为诺贝尔化学奖的获奖成果。麦凯教授在此前几年已经从理论的角度预言了准晶体的存在。

住在别墅期间，每天早晨都有穿着白色制服，大概是由韩军士兵担任的服务生为我和麦凯教授准备早餐，随后头戴帽子打着领带的司机驾驶着擦得锃亮的公务轿车送我们去 KAIST。周末服务生会在宽阔的院子里为我们摆上桌椅，撑好遮阳伞，我们惬意地饮茶吃蛋糕，真是一段奢侈的时光。

我常常和麦凯教授聊天，除了各自的专业领域——基本粒子理论和结晶学之外，也聊很多别的内容。麦凯教授对中国历史造诣颇深，向我推荐了李约瑟。我返回东京后，专门购买了

《中国科学技术史》[58] 这套书。当时我第一次切身感受到了英国人的业余爱好精神。

通过和麦凯教授的谈话，我感到他是基于兴趣去展开研究，然后以研究为职。在英国的科学中能够看到的业余爱好精神这一传统，即科学是从贵族的兴趣发展而来的这一特点。例如发现氢元素的科学家亨利·卡文迪许，他用自己获得的巨额遗产在家里搭建了实验室进行研究。

日本人的匠人精神重视在一个领域孜孜不倦地追求，以达到极致。可是像麦凯教授这样，用比较轻松的方法研究，也是有其可取之处的。如果是出于业余爱好或兴趣进行研究，就不会拘泥于自己的领域，会勇于前往未知的领域，失败了也不会特别在意。因此适合进行跨领域的研究。正因为是出于兴趣进行的研究，所以往往能够做出具有高度独创性的成果。

在印度失踪

我于 1987 年春天访问韩国之后，在同年 12 月得到了访问印度的机会。印度理工学院的坎普尔学院举办了面向研究生的冬校，邀请我前去授课。印度理工学院下设 23 个校区，其中坎普尔学院是水平最高的。我认识的许多物理学学者都毕业于此。

在去坎普尔学院之前，我拜访了位于孟买的塔塔基础科学研究院。瓦迪亚是塔塔基础科学研究院理论物理学部门的领军人物，他邀请我去他那里看看。和瓦迪亚见面后，他就招呼我说，"一起去吃晚饭吧"。他让我坐在摩托车的后座，我们穿行于三轮车、汽车、自行车、人、牛交织在一起的交通洪流中，我简直吓得魂飞魄散。

我在印度期间还给瓦迪亚添了些麻烦。当我结束在坎普尔学院的工作时，原计划是返回日本去岐阜县的老家过年。可是碰巧有机会见到著名的数学家赛夏多利，所以我就改变了行程，推迟了回国的时间，前往孟加拉湾沿岸的马德拉斯（金奈）。因为赛夏多利的理论似乎能用到我当时正在研究的超弦理论的问题上，而我对他的论文中有些不太理解的地方，所以想当面向他请教。

我在去印度之前刚读过古印度的神话叙事诗《摩诃婆罗多》[59]。马德拉斯附近的马哈巴利普拉姆城里有很多与这首叙事诗相关的遗迹，我也想去那儿看看。

于是我给父母寄了一封明信片，告诉他们我要去马德拉斯，所以晚一些回国。

可是这封明信片并没有及时寄到日本，过新年的时候我依旧是杳无音讯。在日本的亲友都以为我在印度失踪了，大为惊慌。

我的父母十分担心，找到了东大的江口老师。江口老师把瓦迪亚的地址给了他们，让我父母联系他。瓦迪亚收到我父母的电报后回复："平安无事，请放心。"我的父母终于放下心头大石。

而我对这一切毫不知情，等我回国后江口老师狠狠地批评了我一顿，说不该让父母担心。我的母亲一直保存着当时瓦迪亚发给他们的电报。

也正是因此，我和瓦迪亚后来成了挚友。我们携手推进亚洲地区年轻学者的培养工作。从 2006 年起，日本、印度、中国、韩国 4 个国家轮流主持超弦理论方面的亚洲冬校。每年寒假有 100 名左右的研究生和年轻学者参加亚洲冬校，在这里不仅能够听到超弦理论最前沿的研究，还有机会搭建自己的学术社交网络。在开设之初就参加亚洲冬校的学生中，有好几个人已经成为拥有丰硕研究成果的学者，他们当中甚至还有人在后来回到冬校中为大家授课。看到这些我们十分欣慰。

机遇只偏爱那些有准备的人

对我而言，1987 年在各种意义上来说都是具有重大意义的一年。1987 年 2 月，东京大学的小柴昌俊教授（见图 2-2）将进行退休前的最后一次授课，而在这次授课的 4 天前，大麦哲伦星云中发生了超新星爆发，神冈探测器检测到了这次爆发所释放出的中微子。而神冈探测器正是小柴教授倾注了心血建造出来的。大麦哲伦星云距地球有 17 万光年的距离，所以准确地说，17 万年前发生的超新星爆发产生的中微子，在小柴教授最后一次授课的 4 天前以光速运动到达了地球。

图 2-2　小柴昌俊（1926—2020）

当时美国的研究者联系了小柴教授的团队，告知他们观测到了超新星爆发的光线。可是神冈探测器到底有没有检测出中微子？为了确认这一事实，记录着这些数据的磁盘从位于神冈矿山的神冈探测器以快递方式寄出，就在小柴教授进行最后一次授课的当天，被送到了东京大学的本乡校区。

神冈探测器原本并不是为了观测中微子而建造的，起初它的目的是观察质子衰变这一现象。当时的统一理论涵盖基本粒子间相互作用的电磁力、强力、弱力这三种力，如果这一预测是正确的话，神冈探测器这样的大型纯水储存罐中就能够检测出质子衰变。这一现象非常罕见，所以需要建造硕大的储水罐来进行观测。

可是一直到 1984 年都没有观测到质子衰变的现象，所以这个理论就被放弃了。

接下来该怎么办呢？虽说质子衰变的试验已经结束了，可是千辛万苦建造的神冈探测器一定有其他的用途。于是小柴教授就提出了一个大胆的设想，改造这个用来观测质子衰变的设施，用它来观测来自太空的中微子。

当时的观测目标是从太阳释放出的中微子。太阳内部的核聚变反应会释放出中微子，可是到达地球的中微子的量和理论值之间有数值缺口。为了解开这一谜题，小柴教授着手改造了神冈探测器。当时并未期待能够观测到由超新星爆发所产生的中微子，只不过在实验的申请书顺便上写了一句：有可能观测到超新星爆发时释放的中微子。

神冈探测器的改造工程进行了两年以上，因为神冈矿山中含有高浓度的放射性物质——氡元素。如果不把巨大的储水罐中的水和周边的空气中存在的氡元素清除干净，势必会给实验带来干扰。当这些工程终于结束，具备了能够检测中微子的条件的时候，小柴教授已经临近退休。而就在他最后一次授课的几天前，因超新星爆发而释放的中微子到达了地球。

　　小柴教授在他的最后一次课上并没有讲超新星中微子的内容。但是他回顾了开始神冈探测器实验计划时的种种艰辛，为此流下了激动的泪水。一周后他将此次观测写成论文进行了投稿，在其后的周一，小柴教授在东京大学举行了记者招待会。这一发现开辟了中微子天文学这个全新的学科领域，而小柴教授也在 2002 年因这项成就获得了诺贝尔物理学奖。

　　我在"抓住幸运女神的刘海儿"那一节中提到，一定要毫不犹豫尽快抓住机会。可是从小柴教授的故事中我们也知道，幸运不能只靠等待。在那个时间点发生了超新星爆发，是一件非常幸运的事。可是正因为在质子衰变这一理论被放弃后，小柴教授立刻把神冈探测器改造成了用来观测中微子的设施，才得以牢牢抓住这个机遇。

　　我们常听到有人说，"只要有机会我一定努力"，可是真正机会来临的时候，未必有能力好好利用。人的一生中谁都能邂逅机遇，可是如果你没有做好准备，就无法及时把握机会。这正如法国微生物学家路易斯·巴斯德的名言，"机遇只偏爱那些有准备的人"。

　　我目睹了小柴教授成功观测到超新星释放的中微子，发现对研究者而言，运气也是实力的一部分。

　　当我还是学生的时候，提到科学领域的诺贝尔奖获奖者，除了靠纸和铅笔搞研究的理论物理学家汤川和朝永，还有江崎玲于奈。江崎是实验物理学家，他凭借在东京通信工业（现索尼公司）的研究室里进行的小规模实验获得的成果，获得诺贝尔奖。为此当我听到小柴教授凭借神冈探测器，这一国家巨额投资建成的巨大研究设施获得的成果斩获诺贝尔奖时，深深地感受到这与国家富强密不可分。

我在 1980 年后半期前往美国时，听到很多批评的声音，认为日本是搭了欧美科学技术的便车。后来日本的基础科学研究取得重大成果，在世界上广受认可，自然也就听不见这些批评的声音了。

以前提到日本人在理科方面的诺贝尔奖获奖情况，想到的都是物理学领域的研究，而现在获奖遍布化学、医学与生理学等广泛领域。当我还是小学生的时候，汤川和朝永是我的榜样，如今各个领域中都涌现了很多榜样人物。这对立志从事科学研究的年轻一代来说是件好事。

科学是在几千年的历史中不断积累起来的人类共同的财富。进入 21 世纪以后，日本在科学方面的诸多诺贝尔奖获奖成就，体现出日本对世界科学领域的广泛贡献。同时这也说明战后日本社会在培养科学精神方面做出了正确的选择。可是近年来人们对日本科学的危机感持续高涨，如何保全、强化日本在科学领域的地位？我将在本书的第 4 章探讨这一问题。

在我修改本书稿的时候，小柴教授去世的消息传来。我在心中默默地为小柴教授祈福。

在印度后空翻

当时，东京大学理学部的基本粒子理论研究室有个规定，工作了两年的助教可以获得为期一年的海外研修的机会。我和江口老师商量，决定申请普林斯顿高等研究院的研究员和哈佛大学的初级研究员。自从超弦理论领域的世界级的领军人物威滕几年前转到普林斯顿高等研究院后，那里就成为超弦理论领域的核心地带。可是我以硕士的身份从研究生院毕业后还未获得博士学位，不知是否有资格申请博士后，所以我直接向威滕教授询问了此事，得到了肯定的回复。

哈佛大学的初级研究员是一种荣誉极高的研究员职位，整个大学每年只有几个名额。在哈佛大学校内有一座初级研究员专用的非常气派的建筑物，每周五这里会举办晚餐会，丰富的藏酒闻名遐迩。申请哈佛大学的初级研究员职位只需要具备博士候选人资格，到任时没有博士学位也无妨。

在申请寄出后的某一天，凌晨 2 点，我在东京的公寓里被电话声惊醒，第二天我将出差前往印度去冬校讲课。这是从哈佛大学打来的电话，打电话的是初级研究员评审委员会的主席，他说我已经入选初级研究员的最终候选名单，希望我去哈佛大学接受面试，而且指定了下周前往波士顿的航班，希望我搭乘那一航班前往。

我次日就要前往印度，当然无法搭乘那个航班。突然收到这样的消息，我曾在一瞬间犹豫是否要临时取消在印度的授课安排。可这是万万不行的，于是我郑重地回绝了面试邀请。从电话中我能感到评审委员会主席十分困惑，他可能没有想到我会当场拒绝哈佛大学最具荣誉的研究员职位。

其实当时我心中也惴惴不安。我联系威滕教授时，他说12月会正式通知我录取结果。可是如果申请普林斯顿高等研究院失利，那我现在拒绝哈佛大学就相当于丧失了一个宝贵的机会。我一直为此事十分担心，在坎普尔学院的冬校开课以后，我曾打国际电话去询问东京大学的秘书，想确认有没有收到录取信息。秘书说我的桌上有一封普林斯顿寄来的信，我请秘书拆开信帮我看看。等了一会儿，秘书告诉我说这是普林斯顿高等研究院的录取通知。

我放下电话听筒，欣喜万分地跑出去，在草坪上做了一个后空翻。我的学者朋友看到这一幕，纷纷称赞我的神勇。其实我在那之前从未做过后空翻，当然现在也做不了，可是在那一瞬间我做到了。

前往普林斯顿高等研究院

1988 年 8 月末我前往普林斯顿，这是我第一次去美国的研究机构。我到达纽约的肯尼迪国际机场后，坐地铁前往曼哈顿。在曼哈顿换乘美铁到达普林斯顿枢纽站，之后又乘坐了一站 "Dinky" 小火车，最终到达普林斯顿站。当我在车站东张西望时，一位中年女性车站工作人员似乎把我当成了普林斯顿大学的新生。她拦下了准备前往停车场的一对新生父子，请他们捎我一程。

那位父亲问我去哪儿。我说："去高等研究院，好像是在奥尔登街。"他说知道那个地方，可车开到那里却发现似乎没有高等研究院。我仔细看了路标，发现我们在奥尔登大道上。我向附近的行人问路，得知普林斯顿高等研究院在高尔夫球场对面，开车过去要绕很大一圈，我觉得特别不好意思。

当车子开进高尔夫球场外面的高级住宅区，我们眼前出现了一片巨大的草坪。在草坪的对面是一座殖民地风格的建筑。楼宇向两边扩展，就像鸟儿张开了翅膀，这就是高等研究院的主楼（见图 2-3 ）。我向那位父亲道谢。他说："我也是普林斯顿大学的毕业生，以前没来过这里。谢谢你让我有机会能看到这么美的建筑。"

我抵达这里后才发现高等研究院还在放暑假，到 9 月下旬

才开学，我似乎不用这么着急赶来。不过也多亏我来得早，在
美国的头两周过得比较从容。

图 2-3　高等研究院的主楼

　　研究员的宿舍楼紧挨着研究院，周围是一大片草坪。起初，
这里让我吃惊的是草坪上到处飘浮着晶莹的小球。那是无数的
萤火虫在草坪上起舞。这幅场景不禁让我想起了中学时代读过
的雷·布莱伯利写的《蒲公英酒》[60] 这部小说。

　　在日本，萤火虫一般聚集在清澈的溪流或河川附近。其实在
水边栖息的萤火虫比较罕见，全世界 2000 多种萤火虫几乎都是
陆生的。普林斯顿的萤火虫发出耀眼的光芒，让我联想到磷火。

　　说起普林斯顿的昆虫，繁殖周期为 17 年的"质数蝉"十
分有名。质数是只能被 1 和它自身整除的自然数，质数蝉能够

避开其他生物繁殖的周期，减少竞争，降低被捕食的风险，有利于留下自己的后代。我去普林斯顿大学的头一年，正好是质数蝉繁殖的年份，这成为当时社会上的一大热点话题。质数蝉上一次的繁殖年份是 1970 年，那一年普林斯顿大学向鲍勃·迪伦授予了名誉学位。鲍勃·迪伦将学位授予仪式上蝉儿鸣叫的景象写成了一首著名的歌⊖。

没有博士学位的学者并不罕见

我就博士学位一事咨询过威滕教授，虽然当时他觉得似乎没什么问题，但是我这个没有博士学位的人来到高等研究院，难免有些底气不足。当我和研究院的秘书聊天时，我老实坦白道，"其实我还没拿到博士学位"。

对方听了我的话之后若无其事地说："哦，戴森教授也没有博士学位呢。"

戴森在研究生院学习期间就当上了康奈尔大学的教授，几个月后又转至高等研究院，因此一直没有获得博士学位。所以我也决定不再那么纠结博士学位的事情了。我在高等研究院的正式头衔是助理研究员，既然不是博士后，也称不上是学历诈骗了。

⊖ 蝉的英文名为 Cicada，但本曲的歌名为 "Day of the Locusts"，因为在 18 世纪初刚发现 17 年蝉时，当地人误以为它们是蝗虫，从此便以讹传讹。——译者注

虽说如此，我也感到该动笔写博士论文了。戴森这样的大学者当然另当别论，我没有博士学位，就这么待在高等研究院也不是长久之计。于是我考虑继续深化在来普林斯顿之前和江口老师等人共同发表的论文中的相关研究，在此基础上撰写博士论文。这是关于超弦理论预测的基本粒子质量的数学算式的研究。因为只有研究院主楼阁楼上的计算机能够处理数学算式，所以我每天都去那儿进行计算。关于博士论文的进展情况，我稍后再做详细介绍。

不过当时没有博士学位的，除了戴森教授和我，还有一位，那就是和我共用一间办公室的米哈伊尔·博沙斯基。博沙斯基通过了本书第 1 章提到过的朗道的理论物理学最低标准考试，当时他作为学者已经有了一定的知名度。我在普林斯顿见到他的时候，他刚刚流亡到美国。

因为博沙斯基来美国的时候还没有拿到博士学位，所以他先去麻省理工学院待了一段时间。后来普林斯顿大学联系他，承诺如果转到普林斯顿大学，一年左右就能授予他博士学位。于是他就又来了普林斯顿大学。可是他在普林斯顿大学也只是偶尔露个脸，主要是在高等研究院的办公室里进行自己的研究，我就在那里遇见了他。

我和他在高等研究院共用一间办公室，一年之内我们两人一起合作发表了 2 篇论文，5 年之后再次合作了拓扑弦理论领域的论文。这篇论文于我而言是一项非常重要的工作，详情我稍后再讲。

在那之后博沙斯基先在哈佛大学担任副教授，后来又获得了多伦多大学的教授一职。可是后来他远离了学术界，去了本书第 1 章提到过的西蒙斯的对冲基金公司工作，现在已经是那家公司的资深员工。虽然他选择了和我完全不同的人生路径，但我们之间深厚的友谊从未改变，每年都会见面。

另外高等研究院的现任院长罗伯特·迪格拉夫，当年还是荷兰大学的研究生。因为他和威滕教授开展共同研究，所以也经常出入研究院。当时普林斯顿高等研究院里没有博士学位的学者并不罕见。

是激烈的竞争之地还是自由的乐园

高等研究院经常被误认为是普林斯顿大学的一部分，其实它和大学是各自独立的机构。近几十年来，高等研究院的名头越来越响，在世界各地也出现了冠名为"某某高等研究院"的机构。高等研究院的正式名称中并没有普林斯顿这一地名，为了区别于其他机构，在日本我们一般把它称作普林斯顿高等研究院。

高等研究院设立于 1930 年，当时聚集了许多从纳粹德国逃亡至美国的著名学者，如爱因斯坦、哥德尔、冯·诺依曼等人。高等研究院由自然科学、数学、社会科学、历史学四个部门组成。高等研究院受益于充裕的基金和慷慨的资助人，招聘了众多博士后、客座教授，以及为他们服务的职员。

起初，赞助人希望捐款建立一个医疗机构，但是高等研究院的首任院长亚伯拉罕·弗莱克斯纳劝说他们设立一座研究基础科学及人文社会科学的研究所。弗莱克斯纳于 1939 年在《哈泼斯杂志》（*Harper's Magazine*）上发表了著名的《无用知识的用处》（*The Usefulness of Useless Knowledge*）一文。这篇文章的题目看上去自相矛盾，我将在本书的第 4 章详细介绍这个题目所蕴含的深刻含义。理研的初田哲男等人翻译了弗莱克斯纳的这篇文章，并附上详细的解说后出版了。[61] 书中还收录了高等研究院的现任所长罗伯特·迪格拉夫的文章，可以看出弗莱克斯纳的精神一直传承到了今天。

二战后，高等研究院迎来了第二任院长——罗伯特·奥本海默。奥本海默主持了开发原子弹的曼哈顿计划，二战后，他希望能够为遭受原子弹轰炸的日本的复兴尽一份力量，所以邀请了众多的日本学者来高等研究院。

朝永振一郎就是其中之一，可是他在随笔中却这样写道，"美国的生活应该说是值得感激的，可是因为它过于舒适，让我觉得似乎是被流放到了天堂，我十分想家"。朝永的话有些令人费解，从中很难看出他到底是快乐还是痛苦。

　　南部阳一郎回忆说："和预期相反，普林斯顿的两年是天堂和地狱的混合物。"另外在南部去世后公开的一封他写给友人的信中写道："年轻的时候为理想熊熊燃烧，雄心勃勃无法忍耐，我就是这样的人。我一心想要解决物理学领域的大问题，否则无法感到满足。另一方面我对自己没有信心，经常拿自己和别人比较，心里没有底气。我在高等研究院度过的两年中，十分痛切地感到了这一点。我没有做成想做的事情，我觉得谁都比我聪明，我陷入了神经衰弱中。"

　　因为奥本海默具有强烈的个性，在他担任院长的时期，高等研究院的研究者之间充斥着激烈的竞争。物理学者杰里米·伯恩斯坦在回忆录《它带来的生活》[62]（*The Life It Brings*）中描写了当时高等研究院的严酷环境。据说研究人员每周都要和奥本海默进行面谈，向他报告前一周自己的研究成果。有人由此想到了天主教徒向圣职者忏悔罪行的仪式，因此将这个面谈称为忏悔。书名中的"它"指物理学，这个称呼沿用了奥本海默的叫法。

　　我在高等研究院的时候并没有感到环境有多么严苛，也许是因为我天性大大咧咧、毫不在乎吧，我觉得高等研究院的气氛很友善。研究院每天都有下午茶时间，我一边享受着红茶和现烤的曲奇饼，一边和各个领域的学者交谈。我们谈论的内容不局限于基本粒子理论，还包括天文学、物理学、数学、人文社会科学等广泛的领域。对我而言，这里是一所自由的乐园。

因为宿舍楼与研究院的主楼比邻而立，所以我们往往过着宿舍和研究院两点一线的生活。当时也没有互联网可用，所以许多博士后在吃完晚饭后又回到研究院，一直讨论到深夜。在这些激烈的讨论中，我结识了博沙斯基等众多好友。我在"研究生阶段应该具备的三种能力"一节中也提到过，高等研究院并非人人都是不世出的天才，只不过他们有彻底思考事物的持久力和耐力。当然任何事情都有例外，威滕的思考速度是超乎常人的。我和他谈话的时候，总觉得自己在奋力追赶他的思维。

博士论文和拉马努金公式的 30 年

因为我在高等研究院的研究生活过于惬意，所以我想在美国多待一段时间。芝加哥大学的南部阳一郎似乎看透了我这种想法，某一天他打电话给我，这个电话让我感激不尽。南部阳一郎在电话中问我："愿意去芝加哥大学担任副教授吗？"当时恰逢圣诞节前夕。

当时我还可以在高等研究院留任一年，可是去芝加哥大学当副教授也挺有意思，而且如果我去当副教授的话，就能在美国多待一段时间。出于这些考虑，我接受了南部阳一郎的邀请。

这么一来博士学位又成了个问题。当初我从京都大学转到东京大学的时候，东大的老师让我一定拿到硕士学位再来。这次南部阳一郎让我赴任前一定要拿到博士学位。于是我把在高等研究院阁楼的房间里进行的基于计算的研究成果写成论文，向东京大学提交后申请了博士论文答辩。

我在博士论文中，把伟大的印度数学家拉马努金的公式应用到了超弦理论上。

斯里尼瓦瑟·拉马努金生于 1887 年，他在英国殖民地时代的印度担任一名事务职员。他并未接受过作为数学家的教育，他说晚上睡觉的时候，印度教的神灵会把数学算式写在舌头上，教授他数学的定理。拉马努金甚至不知道数学定理需要证明，但是他用自己独特的方法去验证了这些定理。他所提出的各种各样的公式和定理几乎没有什么谬误。拉马努金把他发现的这些公式和定理写在笔记上，寄给剑桥大学的哈代教授。哈代教授看到拉马努金寄来的笔记后十分惊讶，因为他从未见过这些定理和公式。他请教了自己的同事李特尔伍德，他们一致认为拉马努金充满了独特的创造力，很有实力，于是邀请拉马努金去剑桥大学学习。拉马努金在英国待了 5 年，他和哈代教授共同进行了许多重要的研究。可当时正逢一战爆发，物资匮乏。拉马努金是一名素食主义者，他陷入了营养不良状态，后来因此患病，32 岁就英年早逝了。

前文我提过自己在东京大学担任助教的时候曾经去过印度。那一年正好是拉马努金 100 周年诞辰，因此举行了各种各样的纪念活动，其中有一场活动是数学家安德鲁斯的演讲。安德鲁斯发现了拉马努金的手稿，将它命名为《失散的笔记本》，演讲的内容就围绕着拉马努金的手稿展开。我们在大学的礼堂收看了这场演讲的电视转播。

拉马努金在去世前回到了印度，继续研究他自己发现的一些奇特的函数，探索这些函数的性质，他将研究内容写成笔记寄给了哈代。这份笔记辗转经过几名数学学者的手之后，最后被捐赠给了剑桥大学三一学院的图书馆，并在图书馆里沉睡了很久。后来安德鲁斯发现了这份笔记，将它命名为《失散的笔记本》。在拉马努金 100 周年诞辰之际，这些笔记被整理结集成书出版了。

我们在看电视转播的演讲时，还半开玩笑地说，"真希望有一天能把拉马努金的公式运用到物理研究上"。

高等研究院的戴森也在纪念拉马努金 100 周年诞辰之际撰写了纪念文章。他写道："年轻的物理学家们孜孜以求，立志把超弦理论的预言与自然界的客观事实结合在一起。我希望有一天能看到他们把拉马努金的公式也加入到所运用的数学方法中。"当时我完全没有预料到，两年之后，我在自己的博士论文中运用了拉马努金的公式。

说回到我的博士论文，我在高等研究院阁楼上的计算机上录入了拉马努金的公式，用它计算了超弦理论所预言的基本粒子的质量。90、462、1540……这些数字逐一出现在屏幕上。这些计算本身就是一种研究成果，我把这些成果写成了博士论文。可是我总觉得这些数字的背后有一些更深远的意义。

20 年后的一个夏天，我在科罗拉多州的阿斯彭物理中心遇到了夏日傍晚的骤雨。我和两位一起避雨的朋友聊着天，突然之间我明白了博士论文中计算出的 90、462、1540……这些数字的含义。这个的数列表示的是超弦理论的对称性。这一发现被命名为"Mathieu moonshine"，已成为一个研究热点。我在前文中"研究生阶段应该具备的三种能力"一节中提到过，我花了 20 年时间解决了博士论文中没有解决的问题，指的就是这件事。

又过了 10 年，2018 年的春天，我在访问剑桥大学时，在三一学院的图书馆里看到了拉马努金的《失散的笔记本》。我在这份珍贵的文献上找到了拉马努金亲笔写下的、我用在博士论文里的公式。那一刻，30 年的时光像是画了一个大大的圆圈，我又回到了原地（见图 2-4）。

图 2-4　在剑桥大学图书馆阅览拉马努金的《失散的笔记本》

图 2-4 中左侧为笔者，照片中人手指指向的部分写着我用在博士论文中的公式。

回忆南部阳一郎

1989 年秋天，我结束了在高等研究院的研修生活，前往芝加哥大学就任副教授一职。芝加哥市是美国中西部的经济文化中心，它的美术馆和交响乐团在世界上都享有盛名。如果把纽约比作日本的东京，洛杉矶看作大阪，那么芝加哥就像是名古屋。芝加哥有很多北欧来的移民，此地以朴实刚健的特色闻名。

从芝加哥市中心沿着密歇根湖向南驱车 10 分钟左右，就到了芝加哥大学。芝加哥大学是由创立了世界最大的炼油公司而获得巨额财富的洛克菲勒提供资金设立的。洛克菲勒希望在美国中西部的中心芝加哥市建立一所高等学府，这所大学能够比肩东海岸的常青藤联盟大学。芝加哥大学成立于 1890 年，校园古朴美丽，模仿了英国牛津大学的建筑风格。芝加哥大学的校训是"益智厚生"（Crescat scientia; vita excolatur），是一所研究型大学。

在芝加哥大学时，我受到了南部教授（见图 2-5）的诸多关照。他曾多次邀请我去家里做客，每次南部夫人都亲手做美味的饭菜款待我。享用过晚餐后，我们的乐趣之一是观看电影《寅次郎的故事》。南部教授十分喜爱这个系列的电影，细心地收集了整套电影录像带。南部教授看电影的时候也十分认真，每当渥美清要干出什么不靠谱的事情时，南部教授的神情就会变得越来越不满，"瞎胡闹"三个字几乎要脱口而出。

图 2-5　南部阳一郎（1921—2015）

　　小柴昌俊从东京大学退休后，也曾到访芝加哥，在此地停留了一个月左右。我也应邀参加了南部教授为小柴昌俊举办的晚餐会。小柴在研究生时期本想做一名理论物理学家，他去拜访了当时身为大阪市立大学教授的南部阳一郎，向南部教授学习相关知识，两人自此结识。小柴昌俊在大阪期间发现自己并不适合进行理论物理学方面的研究，自此转向了实验物理学方向。

　　小柴在罗切斯特大学取得了博士学位，后来去芝加哥大学做博士后，所以他对芝加哥大学也有很深的感情。小柴在芝加哥大学期间多次和我一起在大学校园散步，他给我讲了很多做博士后时的冒险经历。

　　我最后一次见到南部教授是在 2015 年 6 月，当时我给他带去了我所在的加州理工学院的 T 恤衫和马克杯，南部教授十分高兴，还和我津津有味地聊了很多访问加州时的往事，以及盖尔曼的一些趣事。那次见面之后一个月，我收到了令人悲伤的信息。

去芝加哥大学任职以失败告终

　　令人遗憾的是，我去芝加哥大学任职以失败告终。我在高等研究院时，只需要努力做好自己的研究，可是在芝加哥大学担任副教授却不能止步于此。我作为副教授，需要授课、指导学生，除此之外还要维持研究室的运营，保证研究资金到位，这些研究以外的事务堆积如山。我当时 27 岁，刚获得博士学位，英语能力也不够强。以我这样的年轻资历，可以说还没有做好在美国大学担任副教授的准备。

"人们不断获得提升，直至到达自己所不能胜任的职位。"

这是管理学领域广为人知的"彼得原理"。在组织中业绩出色的员工会不断获得晋升，当不能继续晋升时，则表明员工已经处于无法胜任的状态。你之所以觉得自己的上司不能胜任这个职位，那是因为他已经爬到了能力所不及的最高位置。这个原理以半开玩笑的形式指出了人世间的一些真相。当时我在芝加哥大学就处于这样一种境地。

在彷徨之际，我又在圣诞节前夕接到了一个救我于水深火热中的电话。这次的电话是京都大学数理解析研究所所长佐藤干夫打来的，他问我愿不愿意回去做副教授。虽然感觉很对不住南部教授，但我还是决定回日本。

当时也有人建议我不要急着回日本，不妨在芝加哥大学再干一段时间试试。而我认为研究者的职业生涯有不同的阶段，在合适的时间进入合适的阶段是很重要的。作为芝加哥大学的副教授，我需要把精力分散在指导学生、授课、研究室的运营、保证研究资金到位等种种研究以外的工作上。我还没有进入这样一个时期，当时的我应该集中精力搞研究，先把自己作为研究者的这一面确立起来。

因此对于身处那一阶段的我而言，数理解析研究所是一个很理想的环境。向我发出邀请的佐藤干夫是国际知名的数学家，他一手开创了代数解析这一研究领域。对于搞研究，他是这样说的：

"早晨起床时立志今天要研究一整天数学，如果你这样想的话，恐怕做不出什么成就。你应该在思考数学时不知不觉入睡，早晨一睁开眼就在数学的世界里。"

在如此痴迷于研究的佐藤先生担任所长的研究所里，我虽然也担任和芝加哥大学一样的副教授一职，但可以从早到晚只思考研究的事情。

听着巴赫解开"简化的弦理论"

我在数理解析研究所工作了两年半以后，有机会前往哈佛大学进行为期一年的学术研究。我在超弦理论领域取得的自己也比较认可的显著成果就是在哈佛大学时完成的。

邀请我去哈佛大学的是库姆兰·瓦法。我在高等研究院期间，曾去哈佛大学讲过我的博士论文的相关内容，那是我第一次见到瓦法。

瓦法出生于伊朗名门，他的伯父在伊朗革命之前曾经担任过国王的财政大臣。瓦法在伊朗革命的前一年到美国麻省理工学院留学，后来进入普林斯顿大学的研究生院，在威滕的指导下学习，如果说威滕是一名才华横溢的学者，那么他的弟子瓦法就是一位有如神助的天才。我们在讨论中，他有时会突然脱离逻辑论证，直接说出答案，而且几乎每次都能说对。在说完答案之后他才会展开论证。

在芝加哥大学的时候，我首次和瓦法进行了共同研究，我先来介绍这一段往事。

在理论物理学领域，经常会考虑"简化模型"。物理学的目的是解释自然界的现象，可是现实世界的现象纷繁复杂，我们很难一眼看破什么是问题的本质，什么只是细枝末节。在这时物理学会尽量把问题简单化，这种简单化的问题就是简化的物理模型。通过解决简化模型，理解了本质性的内容后，再去解决现实世界中的问题。

超弦理论是包含了无数个基本粒子的复杂理论，于是瓦法和我想将这一理论简单化，先去思考简化模型下的弦理论。我们所设想的弦理论，不再包含无限的粒子，里面只有一种粒子。可是这一简单的弦理论既满足广义相对论理论的原理，也包含引力。如果我们能够完全理解这一玩具模型的弦理论，那么我们应该也可以得到一些将引力和量子力学统一的启示。

我们思考的问题是，这一简化模型的弦理论中的引力方程式到底应该是怎样的？引力问题有爱因斯坦的方程式，我们从简化模型的弦理论推导出的方程式应该和爱因斯坦的方程式不完全相同。我在芝加哥大学时一直在思考这个问题。当时印第安纳大学邀请我去举办讲座。印第安纳大学有全美国知名的音乐院系，每天都有精彩纷呈的演奏。我抵达那天的傍晚，印第安纳大学有一场申请音乐博士学位的汇报演出，演奏的曲目是巴赫的《为独奏小提琴而作的奏鸣曲与组曲》。

我听着巴赫的提琴组曲，猛然想起除了爱因斯坦的方程式之外，还有另外一个关于引力的方程。在东大期间对我多有关照的江口老师，在做博士后的时候简化了爱因斯坦的方程，提出了"自对偶方程式"，并且在全世界首次解出了这个方程。这是一项非常重要的成就，江口老师在日本学士院的恩赐奖授奖仪式上，曾经为天皇和皇后讲解，当时讲的内容就是如何解这个方程。

我和瓦法设想的简化模型下的弦理论比超弦理论简单，所以适用于此理论的方程应该就是江口提出的将爱因斯坦方程简化后的自对偶方程式。演奏会快结束时，我突然想到了这一点。

演奏会结束后，我立刻回到宿舍给日本拨打了国际电话。我听说京都大学的高崎金久在开展自对偶方程式领域的研究，可是手头没有高崎的联系方式。在那个年代，我不可能通过互联网去检索，所以花了一番工夫才联系到高崎。我先给 NTT[○]的电话号码咨询处打电话，问到了京都大学本部教务处的电话号码。通过这个号码我找到了高崎的秘书，最后终于联系到了高崎本人。

简化模型下的弦理论中只包含一种粒子，所以我在电话中问高崎，有没有用这种单一粒子表现引力的自对偶方程式的方法。高崎思索了一会儿回答说，出生于波兰后来移居墨西哥的学者杰鲁兹·普莱邦斯基好像在研究这种方程。

第二天我去印第安纳大学的图书馆查阅普莱邦斯基的论文。论文里就写着瓦法和我从简化的弦理论中推导出的方程式。简化的弦理论的基础方程式就是引力的自对偶方程式。我在宿舍的商务中心给瓦法发了封电子邮件，告诉他终于找到最后一片拼图了。

第二天，当我要启程返回芝加哥时，收到了瓦法发来的论文，文中已经添加上了最后一片拼图。论文的题目是《自对偶性与 N=2 弦理论的魔法》（ *Selfduality and N=2 String Magic* ）。在论文题目中使用"魔法"一词，确实是瓦法的风格。"魔法"一词来源于古波斯语（ magûs ），意思是学者、祭司。瓦法在伊朗出生长大，自然会想到这个词吧。

　　㊀　日本电话电报公司。——译者注

上文曾写到我去芝加哥大学任职以失败告终，可是我在芝加哥大学期间发表的这项研究还是很有价值的。这项研究成果为我日后的研究支柱——拓扑弦理论奠定了基础。

具有普遍性的成果——"BCOV"理论

我和瓦法一直保持着密切的交流。我得知自己将从 1992 年秋天起在哈佛大学进行为期一年的研修后，就确定了开发拓扑弦理论的计算方法这一研究计划，之后赴波士顿开展研究工作。

当时，拓扑弦理论是高等研究院的威滕教授想出来的一种简化的物理模型，包含了一些未解决的问题。其中一些在物理上富有意义的量，无法通过计算得出答案。我在芝加哥大学期间和瓦法共同执笔过玩具模型的弦理论方面的论文，所以我想在哈佛大学期间解决拓扑弦理论，这个另一形式下的玩具模型的相关问题。

在哈佛大学，我遇到了来自意大利研究所的塞尔吉奥·切科蒂。

切科蒂和瓦法进行的研究似乎和超弦理论无关，可我旁观他们讨论时，发现他们的想法也许可以用在拓扑弦理论上。

某天，我在回家的地铁上突然想到一个方程，也许能够用来计算拓扑弦理论需要的量。我思索了几天后，这一方程式已基本成形，我去找瓦法讨论我的想法。我们在哈佛大学的咖啡厅里一边吃午饭一边在餐巾纸上写下算式，展开讨论。起初只是框架的方程式在讨论中逐渐成形。

最终我们决定解开这个方程式，用它来计算各种各样的量。从这个阶段起，不仅切科蒂，高等研究院时代的老朋友博沙斯基也加入了我们，他当时在哈佛大学任副教授。

我们四个人为了解这个方程，每天在黑板前面花费几个小时不断地讨论，可是计算没有任何进展。时间又过去了半年，1993 年 3 月，研究突然有了重大突破。

当时我被邀请参加康奈尔大学的讨论班，去了纽约州北部的伊萨卡镇。我和康奈尔大学的各位同事吃完晚饭后回到宿舍，随手打开电视，发现新闻播报说本世纪最大的暴风雪即将来袭。伊萨卡在美国也是屈指可数的暴风雪地带，如果被大雪封在此地，一周都出不了门。我赶忙收拾了行李坐上车，一路被暴风雪追赶着，花了一晚上时间终于回到了波士顿。这到底是一场百年一遇的暴风雪，我在波士顿的公寓里被困了好几天。

可是多亏了这闭关在家的几天，我能够集中精力观察方程式。我发现似乎可以用费曼图按顺序解开方程。按戴森的标准来看，我确实是一个几何型的人。

这个进展极大地鼓舞了我，我想，这个原本被当作简单物理模型的拓扑弦理论，是否可以直接运用在超弦理论的计算中呢？我们四个人展开了激烈的讨论，最终发现这个方程对超弦理论推导出的基本粒子的计算这一领域也具有一定的意义。

当我结束在哈佛大学为期一年的研究生活时，我们将研究成果写成一篇接近 200 页的论文，题目是《小平－斯潘塞的引力理论与量子弦理论的缜密结果》。由我们四人开发的计算方法，以及这一方法在超弦理论方面的应用被称为"BCOV 理论"，这是以我们四人姓名的开头字母来命名的。

现在 BCOV 理论被运用在数学、物理学等广泛的领域。我在高中时代曾读过的彭加勒的《科学与方法》中提到，具有价值的科学是一种普遍性的发现，它能够促进科学在广泛领域的发展。我也一直将自己的目标定位于这样的研究。我骄傲地认为，在我的研究经历中 BCOV 理论是第一个具有这种普遍性的成果。

我们完成这篇论文后，切科蒂就转而投身意大利政坛，也许他觉得在物理学领域已经完成了自己的使命。切科蒂出生于意大利北部的少数民族家庭，后来创立了呼吁民族独立的党派，与当时蓬勃发展的北部同盟联手，当选了弗留利－威尼斯朱利亚大区的首长。他后来又担任弗留利中心城市乌迪内的市长，大约在政界活跃了 15 年。最近从政坛归隐后又重返物理学界。

2018 年在美国东北大学召开了超弦理论领域的大型国际会议，恰逢 BCOV 理论发表 25 周年。在会议的国际顾问委员会的建议下，我们在会议的最后一天举办了 BCOV 理论专场。图 2-6 是当天晚餐会上的照片。

图 2-6　纪念 BCOV 理论发表 25 周年晚餐会

左一为丘成桐，他用数学方法证明了卡拉比－丘成桐空间，获得菲尔兹奖。左二起依次为博沙斯基、切科蒂、大栗博司、瓦法。

专栏·演讲要准备好策略和讲稿

　　我在美国的同事是一群大学教授，他们演讲的功力十分了得，让我着实钦佩。在晚宴上，甜品上桌前，他们会不失时机地站起身来，说几句既应景又得体的话，讲完若无其事地坐下。教授会上大家的唇枪舌剑也十分精彩，我没有这份本领，所以在演讲的时候总是提前准备好讲稿。

　　最初我只准备英语演讲的讲稿，后来我感到哪怕是用日语演讲，也是有讲稿效果更好，所以现在不论用什么语言演讲，我都一定会准备好讲稿。通过撰写讲稿我会仔细考虑，应该在演讲中谈些什么。

　　美国大学中有长聘 - 预聘制度（Tenure-Track System）。"Tenure"指长聘，即终身教职，只要拿到这种资格就基本上不会被解雇。预聘是指在拿到终身教职之前的试用期，在这一期间如果能够通过考核就可以拿到终身教职。

　　我在本书第 3 章中将讲到我去加州大学伯克利分校应聘，当时我拿到的是正教授的终身教职，所以没有经历过预聘期的考核。不过我倒是担任过几次终身教职资格考核委员会主席的工作。

　　我第一次担任这项工作是在加州大学伯克利分校的时候。伯克利会对处于预聘阶段的预聘副教授（在日本大学职称体系中相当于助理教授），每三年进行一次考核。一般来说第一次考核是中期考察，第二次考核决定是否授予终身教职。

　　当时我们要对这位预聘副教授进行第一次考核，即中期考察。可是当读完他的研究业绩介绍以及校外学者给他写的评价报告后，我们认为不需要等到第二次考核，应该直接推荐授予他终身教职。委员会的其他成员也对此表示赞同，因此我们去找物理系主任商议此事，可是系主任不认同我们的做法，认为这次不过是中期考核，现在就授予终身教职似乎还为时尚早。

　　于是我想到去教授会争取教授的支持。我参考了莎士比亚的政治题材戏剧《尤利乌斯·恺撒》中马克·安东尼所致的追悼演说。以此为蓝本，我准备了在教授会上的演讲。

　　在莎士比亚的这部戏剧作品中，安东尼并没有正面谴责暗杀了恺撒的布鲁图斯。他冷静地历数了恺撒的种种功绩，将暗杀一事的对错交给听众来判断，这一举动牢牢抓住了广大民众的心。

　　遵循这一思路，我在教授会上细致地介绍了这位预聘副教授的研究业绩。然后说，在系主任的建议下，我们考核委员会决定暂时不推荐他获得终身教职。我的报告结束后，教授们纷纷发言，认为既然做出如此出色的研究成果，就应该给他终身教职。我默不作声地听着大家的意见，最后全场一致决定推荐这位副教授取得终身教职。系主任终于听取了大家的意见，据此上报给了大学，这位同事拿到了副教授的终身教职。

我当时在教授会上原封不动地读了我准备的讲稿，在《尤利乌斯·恺撒》这部戏剧的发生地古罗马，演说是要背诵下来的。安东尼的政敌西塞罗所著的《论演说家》[63] 一书介绍了雄辩术，其中就有关于如何背诵演讲稿的章节。可是我对自己的记忆力没有什么信心，所以手头总是拿着讲稿。有时也可以不看讲稿讲，但手边有稿还是安心一些。宴会上如果有人突然请我讲几句，我会感到十分为难。这种时候我还是希望能有人提前打个招呼。

第 3 章

培育
基础科学

再续美国的职业生涯

结束了哈佛大学的研究生活，我又回到了京都大学。很快我收到了好几封来自美国大学的邀请，希望我去应聘教授职位。我在芝加哥大学当副教授的时候，因为刚取得博士学位，很明显各方面准备都不足。自那之后已经过了 5 年，我积累了很多经验，同时也取得了不少有分量的研究成果，所以我打算在美国再续职业生涯。

于是我就应聘了加利福尼亚大学伯克利分校。在二战之前，日本也有九所帝国大学。而加利福尼亚大学也由十所研究型大学组成。比如洛杉矶分校（UCLA）、旧金山分校（医学研究生院大学）在日本都是广为人知的大学。而在这些大学中最早设立的就是伯克利分校。

校方邀请我前往加利福尼亚进行为期三天的面试，整个行程安排得满满当当。我先轮番去办公室拜访了物理学各个领域的教授，同每位教授进行了一小时左右的面谈。我觉得他们不仅在考察我的基本粒子理论相关的知识水平，还在观察我是否能与不同学术领域的人进行交流，能否和大学的同事和睦相处。

对我而言，这种形式的大学访问也可以让我深入了解学校，同时让我思考是否真正愿意成为该校的教授。大学也很清楚这一点，不仅准备了面试，还安排我与副校长以及学校的董事见面，共同商讨未来建立研究室需要哪些帮助。逗留期间，校方还安排我与房地产公司一同参观考察周围的房屋。伯克利与旧金山之间隔着一座港湾，从大学北部小山上的住宅区可以眺望金门大桥。

我在京都大学是长聘副教授（即现大学教员职称级别中的准教授）。加州大学伯克利分校给我的职位是长聘正教授，我接受了这一聘用。因为美国大学从秋季开始新学期，所以我准备 1994 年 9 月前往美国赴任。

可此时又出现了一些波折。当时互联网开始普及，产生了所谓的"互联网泡沫"。硅谷的 IT 企业从印度等地雇用了大量的理科人才，导致当时美国的签证额度用完了。我受到了这一情况的影响，签证的签发时间被推迟了。如果没有签证，我就无法赴美担任教职。当时我颇为烦躁，不知道如何是好。后来觉得发愁也解决不了问题，正好巴黎第六大学（2018 年并入索邦大学）邀请我去做客座教授，我就放弃了赶在秋季学期赴美的念头，决定去巴黎住一段时间。

巴黎第六大学为我准备的住处是塞纳河中圣路易岛上的公寓。这是一座古色古香的建筑物，公寓入口处有一个铭牌，上面写着：玛丽·居里夫人 1914～1934 年居住于此。

　　我在巴黎期间曾多次切身感受到笛卡尔的哲学对法国文化的深远影响。我在大学进行研究期间，我的妻子每天从早上 9 点到傍晚 5 点去法国丽兹酒店的厨艺学校学习。厨艺学校的毕业考试是主厨逐一品尝学生烹制的菜肴。碰巧考试当天我也在场。所有学员都考试合格顺利毕业了，大家聚在一起畅谈，回顾在厨艺学校学习的趣事。主厨在介绍法餐的特点时说，我们法国人是笛卡尔主义者。没有想到在谈烹饪的时候，笛卡尔居然也登场了。

　　在哲学层面，笛卡尔主义是指精神和物质独立存在的二元论。主厨特指的是在《谈谈方法》一书中提出的理性的使用方法。法餐中惯于将原材料逐一分解，仔细品鉴它们各自的特性，并将这些原材料以正确的顺序组合起来进行烹饪，这是法餐烹饪中的重要手法。可以说这一烹饪方式遵循了笛卡尔所说的"方法"，即通过"分析"和"综合"的方法来探索真理。

　　法国作为孕育出笛卡尔这样的伟大哲学家的国度，法国人对此有一种强烈的自豪感，笛卡尔的思想也深深渗透进每一个人心中。我听说在法国如果一个人不擅长数学，就不可能取得大的成就，这也许从另一个角度体现了笛卡尔的巨大影响。

第二次超弦理论革命

在秋天即将结束的时候，我终于拿到了签证。我从巴黎的美国大使馆拿到签证，启程前往美国。在伯克利我遇到了村山齐。我在东京大学当助教的时候，他是东大的研究生，现在他在伯克利做博士后研究。

我在芝加哥大学的副教授生涯以失败告终，因此对我来说伯克利是东山再起的地方。我深刻反省了在芝加哥大学任职时的缺乏准备的情况，制订了详细的计划，组建了研究团队，积极指导后辈的研究工作。

在我刚去伯克利赴任的时候，超弦理论的研究领域有了巨大的进展。1995 年 3 月 14 日，在南加州大学召开的超弦理论的国际会议上，高等研究院的威滕发表了"超弦理论的对偶性"这一伟大的研究构想。

当时威滕的演讲让我们这些专业人士瞠目结舌。简单来说，就是之前被认为有各个版本的超弦理论，其实都是同一个理论的近似的表现。大家如果感兴趣的话可以读读我的《引力是什么：支配宇宙万物的神秘之力》[64] 和《超弦理论：探究时间、空间及宇宙的本原》[65] 这两本书。

威滕的对偶性设想大大改变了超弦理论的研究方向。这一设想解决了很多以往不知如何从超弦理论着手去探究的一些问题，例如与黑洞相关的诸多深邃的谜题。1984年，当我刚上研究生的时候，发生了超弦理论领域的革命性的新进展，被称为超弦理论革命。1995年威滕的演讲所带来的新突破能够与之相匹敌，被称为第二次超弦理论革命。

受第二次超弦理论革命的影响，我的研究也发生了很大的变化。这一点也体现在我的论文的被引用次数上（见图3-1）。从20世纪90年代后半期开始，图中的数据陡然上升，这也是第二次超弦理论革命的影响吧。

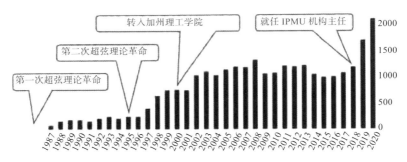

图3-1 我的论文被引用次数的变化（引自 Google Scholar）

转入加州理工学院

我在伯克利待了6年，之后转到了现在工作的大学——加州理工学院。跳槽的契机是一次学术休假。美国大学有学术休假制度，作为教授工作6年之后，在第7年可以享受学

术休假。学术休假（Sabbatical）这个词，来源于希伯来语的
"Sabbath"，意思是休息日。在摩西五经中的《出埃及记》中，
也提到第 7 日是神灵定下的神圣的休息日，学术休假就是一项
让大学教授在工作第 7 年得以休养生息的制度。

　　大学教授在学术休假期间也不能只是休息，很多人会选
择去别的大学当客座教授，专心进行研究工作。离开平时熟悉
的工作环境，往往能在研究上开辟一番新天地。我提前一年得
到了学术休假的机会，从 1999 年秋天起在加州理工学院度过了
一年。

　　在一年的学术休假即将结束时，学院院长来找我，问我学
术休假期间感觉如何。我回答说："非常好，真想再多待一段
时间。"学院院长接着说："要不要考虑留下来呢？"后来我才
了解到大学在抢人才的时候，往往会先用学术休假的机会聘请
对方过来，然后发出邀请。加州理工学院邀请我去他们那里进
行学术休假，也是出于这一动机。

　　图 3-2 正中的建筑是加州理工学院最古老的建筑之一，
里面有首任校长罗伯特·密立根的起居室。密立根的学生卡
尔·安德森在此楼的地下实验室中发现了正电子，获得诺贝尔
物理学奖。后面的现代建筑为图书馆。

图 3-2　加州理工学院（©Caitech）

　　我转到加州理工学院的主要原因是比起伯克利分校，加州理工学院规模要小很多。这里很少有行政单位的氛围，比较自由宽松。伯克利分校是州立大学，规模很大，有 25 000 名本科生，1600 名教授。而加州理工学院是私立大学，只有 950 名本科生，300 名教授，仅看学生数量一项，和日本的大型高中差不多。可是加州理工学院的预算和伯克利分校是差不多的，所以人均预算远超出伯克利分校，分配给每个教授的经费额度也比较大。

　　认真计算风险，进行大笔投资，这似乎是加州理工学院的特点，成功地检测到引力波并以此获得了诺贝尔物理学奖的观测设施 LIGO 就是这样一个例子。我刚到加州理工学院的时候，LIGO 的建设已经历经 20 年，这一项目花费了巨大的时间和经费成本。这项投资的投入之大，到了能动摇大学根基的地步。令人欣喜的是长年的努力最终结出了丰硕的成果。

　　加州理工学院的创立者乔治·海耳原本是研究太阳的天文学家，他为了在威尔逊山上建造天文台来到了帕萨迪纳。后来，埃德温·哈勃就是在这个天文台发现了宇宙的膨胀。海耳认为天文台附近应当建造一所研究型的大学，于是对帕萨迪纳的一所小型的艺术和工艺大学进行了大规模的改造，将它建设成了今天的加州理工学院。海耳的成就远不止于此，他计划在帕罗玛山的山顶上建造世界上最大的巨型望远镜。《帕罗玛山的巨人望远镜》[66] 一书详细介绍了这一计划的始末。在之后的半个多世纪里，这座望远镜实现了很多伟大的发现，引领了世界天文学的发展。加州理工学院传承了海耳的精神，终于也实现了直接观测到引力波的这一大壮举。

12 年的持续思考终于结出硕果

　　我转到加州理工学院后，研究也有了新的进展。1992 年秋天起我在哈佛大学研修一年，在这期间我完成了 BCOV 理论。之后的十年中，BCOV 理论在代数几何、组合几何以及扭结拓扑等数学领域中得到了广泛应用。我自己从伯克利分校转到加州理工学院时，进行的也是这种数学方面的研究。彭加勒的《科学与方法》一书给了我很大启发，书中写道，"由物理学的重要问题启发得来的缜密结果有各种超乎想象的应用"。BCOV 理论在数学各领域的广泛应用证实了这一点，我也感到很光荣。

超弦理论最初是为了统合引力和量子力学，所以我认为 BCOV 理论一定能够在与引力相关的问题上有决定性的应用。

我一直在思考如何将 BCOV 理论应用于引力领域，于是在这一理论完成 12 年之后，我和哈佛大学的安德鲁·斯特罗明格（Andrew Strominger）、瓦法开展共同研究，我们发现 BCOV 理论可以用来揭示黑洞的量子状态。

黑洞是爱因斯坦的广义相对论的重要预言，对于以统合量子力学和引力为目标的超弦理论来说，揭示黑洞的量子状态是一个接近核心的问题，我们发现 BCOV 理论正好可以应用在这一方面。

我们的研究成果在数学和物理学领域均获得认可。在数学方面，美国数学学会为了表彰数学和物理学方面的业绩而设立艾森巴德（Eisenbud）奖[⊖]。此奖项首次颁发就颁发给了我们。在物理学方面我获得了仁科纪念奖。在以往获得仁科纪念奖的学者中，有很多我尊敬的师长。如在京都大学的研究生院给我讲授量子场论的九后汰一郎和福来正孝，在东京大学对我多有关照的江口徹。诺贝尔奖的获奖者小柴昌俊、小林诚、益川敏英等多位教授都出席了仁科纪念奖的颁奖仪式，南部阳一郎还从芝加哥大学寄来了祝贺信，师长的关爱令我感激涕零。

㊀ Eisenbud 奖是美国数学学会为纪念数理物理学家 Leonard Eisenbud 而设立的奖，旨在表彰在数学和物理学的跨领域研究方面做出杰出贡献的学者，每 3 年颁发一次。——译者注

参与大学的运营管理工作

在研究方面取得巨大成果的同时，我还参与了加州理工学院的运营管理工作。我在向大学推荐教授候补人选的教授人事委员会里工作了 17 年，担任了 3 年委员会主席。我担任人事委员会主席的成果之一是增强了凝聚态物理学的教授阵容。

物理学一般分为基本粒子、天文和凝聚态三大主要领域，可是当时加州理工学院的凝聚态物理学的研究几乎没有开展起来。可以说，这是对加州理工学院有巨大影响力的默里·盖尔曼带来的"负面遗产"。不知道什么原因，盖尔曼本人不喜欢凝聚态物理学。可是如果凝聚态物理方面太弱也会影响物理学整个学科的平衡。我在担任人事委员会主席的时候增强了这一领域的阵容，目前加州理工学院在凝聚态物理学以及量子物理学方面已建设成世界顶尖的研究基地。

我还担任了学校长期战略计划委员会的委员，参与制订了理学院的十年长期计划。我从担任教授起就参与了这项工作，我想这一定是学院院长的特别安排，希望我从入职伊始就加入到重要的委员会中，学习大学的运营方式。在第一个十年计划完成之后，需要继续制订下一个长期计划。此时我被任命为长期战略计划委员会的主席，我彻底调查了理学院各个领域的发展动向，制订出了下一个十年长期计划，这些工作极大地锻炼了我的工作能力。

2018 年我担任科维理数学物理学联合宇宙研究机构主任的时候，第一时间成立了长期战略计划委员会，我就是从这里学到的经验。

另外从 2010 年开始，我还担任了 5 年理学院的副院长一职。每周与院长见面，探讨学院的管理状况，由此我对大学的组织架构有了深入的了解。

彻底训练语言能力的美国教育

在美国参与大学管理工作的过程中，我深深感受到了语言的重要性。想要动用组织的力量做成一些事，在日本注重的是人脉以及事先沟通是否顺畅。这些因素在美国固然也很重要，可是更重要的是语言的能力，只有用谈话或文字说服了别人，才能做成事。

当然日本也有运用语言的传统，例如从"言灵"这个词就可窥见一斑。自古以来，人们认为语言中含有某种神奇的力量。《古今和歌集》中相传由纪贯之所写的假名序文有这样的文字：

不待人力，斗转星移，鬼神无形，亦有哀怨。男女柔情，可慰赳赳武夫。此乃歌也。⊖

⊖ 此处译文引用自《新古今和歌集》（上海译文出版社，藤原定家等编撰，王向远译，2021 年 6 月出版）。——译者注

日本人在长达几千年的时间里，一直都只和有共同的风土和文化的人展开交流，所以更擅长抒情的表达。可是这样就没有机会锻炼打动具有不同文化背景的人的能力。当然，日语如果运用得当，同样能够做到逻辑合理、富有说服力，所以这更多是教育的问题。

欧美社会长期以来都进行不同文化的交流，所以他们从小就要学习如何发挥语言的力量，并在这方面积累了很多行之有效的方法。我的女儿在美国出生、长大，从幼儿园到大学一直在美国接受教育。旁观女儿的教育，我特别赞叹的是对语言能力的重视。欧美教育制度的基础——博雅教育的七艺中"逻辑、语法、修辞"这三项，就是用来培养语言能力的。

语文（在美国，所以是英语）课上进行大量的读、写训练。英语中没有汉字这种比较难的书写方式，所以阅读的速度非常快，至于快速阅读是否就意味着理解我就不太清楚了。总之读和写的量都很大，这一点从日本和美国的报纸的薄厚比较上也能看出来，例如《纽约时报》周日版往往达到 200 页以上。

自从参与大学的管理工作，我多次为同事的文字表达能力折服。而当自家孩子在美国当地学校接受语文教育之后，我终于明白为什么大家的文章写得这么好。因为在美国从小学低年级开始就培养实践性的写作技能，要求孩子学习写应用于各种场合的文章。有一次看到女儿在家似乎在写一封情书，我问她，"你在写什么？"，女儿回答说，"学校作业"。——当然我也不知道是真是假。

近年来，在日本也开始广泛讨论语文课到底要培养孩子什么样的能力这一问题。数理理论学者新井纪子以主持人工智能项目"机器人考东大"而广为人知，她在《当人工智能考上名校》[67]这本书中指出，"全国50万高考考生中，大约有8成达不到东大机器人的语文阅读理解能力"。她在推特上说，有些孩子读不懂地理简答题或简单的数学应用题，也不能独立给简答题判分，对这些孩子她流露出深切的危机感。新井还提议拿出小学和初高中语文课的一半时间，用来阅读其他科目的教科书。

在即将于2022年实施的新学习指导纲要中，高中语文相关条目里也能见到类似的意见。日本文艺家协会对"过于重视应用学科而轻视小说，分配给现代文学的时间大幅减少"这一情况发表了声明，表达了忧虑之情。

我是日本文艺家协会的会员，十分理解协会为何会对此种情况抱有危机感。可是据我对美国教育的观察，培养具有实践意义的写作能力与对文学作品的鉴赏能力并不是非此即彼的关系。我们不应在语文课的框架内去分配时间占比，而应全面探讨在小学、初高中的整体教育中，每门科目在时间和资源方面的合理占比。

　　另外，美国的学校也非常重视辩论，给辩论的待遇与棒球、足球等体育项目一样。美国学校通常会在辩论赛的两个月前发布辩论题目，如"联邦最高法院的法官是否应该有任期""国际领养是不是弊大于利""联邦政府是否应该在财政上鼓励太阳能发电"等，辩题的内容涉及各个方面。参与辩论的学生就辩题开始准备，直到辩论赛开始前 20 分钟才知道自己到底是正方还是反方，所以必须准备正反两方面的材料。这一训练也能引导学生思考事物的多面性。

　　正因为从小就接受这样的训练，所以美国社会中很多人都能言善辩。我也切身感受到美国社会用各种各样的方法培养语言能力。

在新生录取工作上耗费巨大的人力物力

　　这一节的内容也是基于我在美国的经验来谈的，也许能对大家思考日本教育制度有些参考。我在加州理工学院担任了三年本科生的招生录取委员，切身感受到了日本和美国大学入学考试的差异。

　　在 20 世纪初期，美国大学和日本的很多大学一样，主要通过笔试的分数来决定是否录取学生。1920 年左右，录取标准中加入了"人格"这一项主观因素。美国大学在录取标准中加入人格评价源自对学生的区别对待。社会学学者杰罗姆·卡拉贝尔写的《被选中的——哈佛、耶鲁和普林斯顿的入学标准秘史》[68] 详细论述了美国大学录取中的歧视问题，如果大家感兴趣的话可以去读一读。

另外，很多美国大学对有可能进行大笔捐款的资本家、校友的子女在录取方面公然给予各项优待措施。不过我所在的加州理工学院没有这方面的举措，在录取方面即便是学校董事的子女也不会被特别对待。

这种入学制度不需要对客观标准负有解释责任，因而对大学的运营来说非常方便。在日本，也有意见认为应该要在录取标准中引入"人格判定"一项，可是我们需要了解美国的录取制度中也存在着这些阴暗面。

加州理工学院的录取名额一般是 240 名左右，每年有 1 万名左右的学生申请。所以首先由招生方面的专业职员从 1 万名中精选出 2000 名，然后我们这些担任录取委员的教授和负责招生的专业职员组成小组，从这 2000 名学生中进行选拔。

送到我手头的申请者的资料包括笔试成绩、高中期间的成绩单、推荐信、小论文、课外活动的记录等，同时还有一份出自招生职员的意见。我一般是自己做完评价之后再看来自招生职员的意见。

认真地审读一份申请材料大约需要花费 30 分钟。如果分给我 100 份申请资料，全部读完就要花费 50 小时。

有学生在申请材料中写道：因为小学时母亲罹患癌症，自己立志从事生理学方面的工作。高中时期去大学医院参与了最前沿的研究。在研究中发现实验结果与预期相反，此时研究团队领导的应对让自己领悟到意料之外的发现才更可贵。

也有来自农村小镇高中的高中生，从学生的成绩单和推荐书来看资质非常出色，却没能接受与能力相符的教育，课外活动也只有啦啦队队长一项。我是不是应该给这名学生一个能发挥才能的机会，而这名学生是不是已经做好准备，能充分利用加州理工学院的研究和教育环境呢？

当我细细研读每一个申请人的材料的时候，电脑画面上似乎浮现出了这个人此前十几年的生活。

当我自己对录取与否有了初步的判断之后，我再打开招生职员给出的意见。上面详细写着对高中成绩单的分析、对课外活动的评价等内容。作为专业人士，他们在读推荐信和小论文的时候有专业的角度，例如以《伦理的纠葛》为题写的小论文，能够判断出申请人的人格和判断力；而对于"为何想申请加州理工学院"这一问题，考察的是能够多大程度上对自己的目标进行具有说服力的阐述。如果只是凭借着在网上检索的一些浅薄的知识而写出的文章，经验丰富的招生职员一眼就能看出来。

我认真读过这些专业人士的意见后，会重新考虑是否录取，并将我做出这一判定的理由写好，寄送给招生办公室。如果教授和招生职员的意见达成一致，当场就能决定是否录取。如果有犹豫不决的情况，还需要教授和招生职员开联席会进行更深入的讨论。

通过担任录取委员一职，我真实感受到了花费巨大的人力、物力资源，认真筛选评价每一位录取者是对生源质量的保证。

美国大学招生除了成绩之外还特别重视多样性。这既是要给所有的人同样的机会这样一个关乎公平的问题，同时大学也希望人种、性别、国籍、出身经历等各不相同，具有多样化背景的人之间的交流能够拓展学生的见识、丰富在校期间的体验，进而提高教育效果。每年都有大量来自中国和韩国的学生申请加州理工学院，可是来自日本的申请者寥寥无几。重视多样性这一原则对来自日本的申请者是有利的。当我担任录取委员的时候，经常有招生职员来咨询我，想知道到底怎么做才能增加来自日本的申请人数。所以面临着申请大学的各位同学，是不是考虑尝试一下美国的大学呢？

成功筹措 33 亿日元的研究资金

我在所参与的加州理工学院的各项管理工作中，印象最深刻的是设立理论物理学研究所，而设立这一研究所的契机是资金不足。

我从伯克利分校转到加州理工学院时曾和学校约定，超弦理论领域需要长期雇用 4 名博士后研究人员。雇用一位博士后每年大约需要 8 万美元，所以如果要确保 4 名博士后，每年需要 32 万美元的研究资金投入。对大学来说这是一笔很大的支出，可这是我转到加州理工学院的条件之一。我在加州理工学院已经工作了 20 年，学校一直都遵守这个约定，所以迄今为止已经为我支出了 640 万美元的研究经费。

加州理工学院之所以能与我做这样的约定，是因为当时大学正好为理论物理学设立了 1500 万美元的博士后科研基金。我当时打的算盘是：基金通过投资股票等各种方式运营，每年大约有 5% 的收入，约 75 万美元，将其中的一半分配给超弦理论的领域就可以了。

我在前文中提到自己在担任教授人事委员会主席期间大力推进凝聚态物理学领域的学科建设，当然在这一领域也产生了对博士后研究人员的需求。这么一来 1500 万美元的博士后科研基金就不够用了。我和大学已有约定，不用担心自己领域的资金，但是如果在理论物理学领域只有超弦理论获得了特别突出的博士后资金支持，从长远来看恐怕也不是一件好事。所以每当跟大学的教务长面谈的时候，我都会恳求他给理论物理学的博士后科研基金增加资金。

在美国的大学中，除了校长还有教务长（provost）一职。教务长主要负责教授的待遇以及研究资金等事务，"provost"这个词原指基督教会的主教、堂务会主任等高层领导。因为欧洲的大学大多起源于教会或修道院的附属学校，所以欧美的大学沿用了一些源于基督教会的职务名称。加州理工学院有300名左右的教授，教务长每年会与每一位教授进行一次面谈。因为教务长是手握分配资源大权的人，所以我一定不能放过这个机会。每次面谈的时候我一方面说着一定尽力做到我和大学之间的约定，另一方面要求他增加博士后科研基金。

我每年都提出同样的请求，校方终于允许我联系和加州理工学院一直关系紧密的费尔柴尔德（Fairchild）基金会。为了避免与大学整体的资金策略冲突，在寻求资金支持方面教授不能任意为之。

费尔柴尔德基金会的办公室位于华盛顿特区的郊外。有人提醒我说，如果没有什么别的事，从加利福尼亚专程前往拜访会显得索要捐赠的意图过于明显。于是我安排了一个普林斯顿大学的讨论班行程，然后联系基金会，提出正好有空要来东海岸，想前往拜会。就这样我见到了基金会的理事长，向他好好宣传了一番加州理工学院在理论物理学领域有多么卓越。

理事长建议我去康涅狄格州的高级住宅区拜访费尔柴尔德基金会的首任理事长沃尔特·伯克（Walter Burke）。伯克曾经赞助了斯坦利·普鲁西纳的研究，普鲁西纳因发现致病源朊病毒而获得了诺贝尔生理学或医学奖，伯克对此十分自豪。费尔柴尔德基金会和加州理工学院的渊源也始自伯克。他还资助了 LIGO 项目，这项研究因为直接观测到了引力波而获得了诺贝尔物理学奖。伯克听完我关于理论物理学的相关计划后对我说："如果有困难，我会毫不犹豫地承担风险进行投资。"

我趁热打铁邀请基金会的理事会成员去大学，做好了各项准备工作后，教务长直接给基金会的理事长打了电话。理事长提出给予 1000 万美元的资金支持。教务长介绍说，摩尔财团将以 2 : 1 的比例进行配套资金的支持。于是对方说出 2000 万美元，这样就把捐赠的金额翻了一番。

2 : 1 配套资金支持是指如果大学从别处获得 2000 万美元的资金，那么摩尔基金会对此提供 1000 万美元的配套资金。这是一个像聚宝盆一样的激励机制。理事长听了这个消息之后也顺势帮了我们一把，这样一共筹集到了 3000 万美元（约 33 亿日元）的资金。如何使用摩尔基金会的配套资金由教务长决定，我十分感激他能够把这项资金用在我们的项目上。也许因为每年在面谈的时候我都缠着他说要增加博士后的科研基金，教务长心想：这回别再来烦我了。

这次筹集到的资金加上之前的 1500 万美元，我们就有了总额高达 4500 万美元的基金，按每年 5% 的收入计算，大约有 225 万美元（约合 2.5 亿日元）的研究经费。要管理这么大一笔研究经费需要成立研究所，健全体制，规范管理。于是我们设立了以费尔柴尔德基金会的首任理事长的名字命名的沃尔特·伯克理论物理学研究所。大家觉得我既然筹到了款，也就应该负起相应的责任来，我就担任了研究所的首任所长。

为了纪念研究所的设立，我们开了研讨会，举行了庆祝晚宴。晚宴接近结束时，一位教授站起身来对我说，"我代表理论物理学的全体教授向您表示感谢"，并递给我一个纪念品。这是 17 世纪荷兰著名的地图制作师约翰内斯·扬松纽斯绘制的日本地图。我有收集欧洲古董地图的爱好，藏品里正好缺一幅日本地图。地图里还附有一封全体教授写给我的信，大家的感谢和祝福让我颇觉感动。

我在前文中写到基金的运营收益每年约为 5%，下面我来说明一下 5% 这个数字是怎么来的。美国的研究型大学一般都有一笔巨额的捐赠基金，大学会雇用基金经理来管理这笔基金。哈佛大学拥有高达 400 亿美元（约 4.4 万亿日元）的捐赠基金，可以支付基金经理很高的佣金，所以能请到华尔街的顶级人才来管理基金。

　　我们理论物理学研究所的基金只有哈佛基金的约 1/900，无法单独雇用到优秀的基金经理，所以我们把它组合到加州理工学院整体的基金中，由大学雇用的基金经理一并管理。当研究经费有盈余的时候，由研究所所长定夺，可以将这笔钱再补充回基金中继续理财生利，类似于购买了大学的股票。基金经理在管理基金过程中投资各种各样的金融产品，所以基金的收益每年都有变动。而研究和教育方面的预算支出比较固定，不能有大幅变化，所以一般会参考几年之内的平均收益值。平均收益率 5%，就是基于这半个世纪左右的基金运营的平均收益计算出来的。计算的标准是拿出这些收益，再计入经费和付给基金经理的报酬之后还能保住本金的价值。

充满奇迹的研究所——阿斯彭物理中心

　　两年后，我又在大学之外的科研机构担任了总裁一职。我第一次听说这个研究机构是在 1984 年，当时还在读研究生。这就是超弦理论革命开始的地方——阿斯彭物理中心。

　　当我还是研究生时，只是听说这是一所位于美国科罗拉多州群山中的研究所，并不知道这到底是一个什么样的地方。第一次拜访阿斯彭物理中心是在 5 年之后，我去芝加哥大学担任副教授之前的那个暑假。我在芝加哥找好公寓后，花了两天时间驱车前往阿斯彭。第一天，我在两边都是延绵不断的玉米田的高速公路上一直向西行驶，第二天到了丹佛地区后，平坦的大地尽头出现了洛基山脉。在高速公路上沿着溪谷蜿蜒前行，几个小时之后终于到达了阿斯彭。

阿斯彭原本是一座银矿小镇，美国转为金本位制度后，这里就陷入了沉寂。进入 20 世纪之后，阿斯彭被开发建设为滑雪场，成为美国首屈一指的休闲旅游胜地，再次焕发了生机。这里还成立了阿斯彭研究所（Aspen Institute），全世界的政治、思想、商业领军人物聚集于此，探讨社会文化等各个领域的问题。夏天有阿斯彭音乐节、音乐学校等活动，充满人文气息。

阿斯彭物理中心占地约 2 万平方米，园区被美丽的树木包围着。除了礼堂、研究室这些建筑外，园区内的其余地方修葺得像公园一样平整美丽。随处摆放着桌子和长椅，人们能够在室外进行讨论。我刚去的时候，每周两天有工作安排，其余时间则进行自由研究。起初我还有些困惑，后来发现在安静的环境中认真思考和讨论，会不知不觉忘记时间的存在。我在这种远离了平时生活的环境中涌现了很多灵感和新的想法。

阿斯彭物理中心开设于 1962 年，和我同岁。当时有三位30 多岁的物理学家，他们希望能够创造一个让物理学研究者暑期聚集在科罗拉多州的山中，自由地探讨学术问题的地方。所以阿斯彭物理中心并不隶属于某个大学或研究所，其中全职工作的事务人员只有两名，其余的管理工作是由物理学家以志愿者的身份进行的。这么一个研究机构能够在半个多世纪里持续开展高水平的研究活动，确实是一个奇迹。对于物理学家来说这也是一处宝藏，当美国物理学会开始评选物理学遗产时，阿斯彭物理中心在首届评选中就榜上有名。

在诞生以来的半个多世纪里，阿斯彭物理中心也遭遇过危机四伏的状况。阿斯彭物理中心设立之初是租借场地运营，可是到了 20 世纪 80 年代后半期，此块土地的产权人由于资金上出了问题，准备卖掉这块土地，当时，运用中东的石油资金进行投资的巴勒斯坦裔美籍地产商穆罕默德·哈迪德与他在房地产投资方面的老师——唐纳德·特朗普展开激烈的竞争，最后哈迪德获胜，在 1986 年收购了这一带的土地。哈迪德将这一片开发为高级别墅区，阿斯彭物理中心陷入了事关存亡的危机之中。

阿斯彭市为了保住物理中心积极行动起来，因为阿斯彭物理中心面向一般市民举办讲座，所以阿斯彭市将其认定为需要保护的文化设施。市里还修改了相关条例，将这一带指定为风景区，所以附近不能进行休闲娱乐类型的开发。最终阿斯彭物理中心以 20 万美元的极低价格买到了这一块位于高级别墅地区的 2 万平方米的土地。

土生土长的日本人当上了美国物理学遗产的总裁

我在伯克利分校任教授期间，每年夏天都在阿斯彭度过。

转到加州理工学院之后，我被选为阿斯彭物理中心的会员，参与了
该中心的管理工作。我于2011年当选为该中心的理事，5年后被
选为总裁。被美国物理学会认定为物理学遗产的研究中心，任命
我这个土生土长的日本人当总裁，我深深感受到了美国科学界宽
广的胸怀。因为阿斯彭物理中心是登记在科罗拉多州的非营利组
织，所以中心的领导被称为总裁（President），而不是所长或社长。

阿斯彭物理中心是超弦理论革命的发祥地，当时我还是研
究生一年级的学生。如今我能担任该中心的总裁，心中涌起的
不仅是激动，更是一份沉甸甸的责任感（见图3-3）。

图 3-3　我在阿斯彭物理中心室外讲座大厅落成仪式上致辞

墙壁和天花板之间的空隙能看到美洲山杨（Aspen）。

我刚就任总裁时发生了一些棘手的事情。阿斯彭物理中心
是由物理学家以志愿者的方式进行管理的，所以只有两名全职

的工作人员，分别是事务主任和财务负责人。其中财务负责人在我担任总裁之前突然离世，事务主任也在工作满 25 周年之际辞职，所以我这个新手总裁刚一到任就发现可以仰仗的两名职员都离开了。

后来我花了两年的时间来选拔继任者，聘请到了非常优秀的人才。我因为人事相关的问题和当地的律师进行了多次交流，借此机会也深入了解了美国非营利组织的组织架构。

我担任总裁后首先着手的工作之一，就是重建室外讲座大厅。阿斯彭物理中心的魅力之一，就是可以在优美的自然中聆听演讲、探讨物理学问题，可是这座大厅自开设以来历经半个世纪的风雨，已经陈旧不堪。

我在理事会的认可下筹到了设计费用，将这一室外讲座大厅改建成了包豪斯风格的建筑。包豪斯是 1919 年设立于德国魏玛的造型艺术学校的名称。阿斯彭物理中心最初的建筑物就是包豪斯风格的，所以将它隔壁的这座讲座大厅也改建为同一样式。时值包豪斯艺术学校创立 100 周年，世界各地都举行了各种纪念活动和特色展览，我们这座新的室外讲座大厅也登上了美国《纽约时报》的艺术专栏，报纸上专门登载了一篇介绍室外讲座大厅建筑的报道。

阿斯彭物理中心有夏季的长期研究项目，招募 600 名研究人员，冬季的会议期间也会邀请 400 名研究者。一般来说，报名的物理学者的人数是定员的两倍以上，所以我们的工作之一是需要进行选拔。

因为来阿斯彭物理中心的研究人员的水平决定着我们产出成果的质量，所以这项考察非常严苛，评判的标准并不仅仅是过去的业绩。所以即便是学术界的大人物也未必能通过选拔，应对这些德高望重的教授的抱怨也是我作为总裁的工作之一。有时我会想，也许是因为我态度特别谦逊，所以才会被选为总裁的吧。总之我认真地向每一位教授解释，以期获得他们的理解。

在夏季项目的人员选拔告一段落的时候，出现了一个意想不到的问题。美国特朗普总统签署行政命令，暂停 6 个伊斯兰国家公民入境美国。我们的夏季项目中也邀请了伊斯兰国家的学者，在这一行政命令的影响下，他们可能无法前来参加科研活动。

作为研究所表明政治方面的意见可能并不妥当，但这一禁令已经直接影响到研究所的科研活动，所以我们也应当做出一定的声明。为了向伊斯兰国家的申请者表明我们的选拔是公平公正的，我们在通知选拔结果的信上特意写了一句，"申请人的国籍与选拔结果无关"。我们还准备了一笔资金，为他们办理美国签证提供帮助。

我于 2019 年卸任总裁一职，回归普通会员的身份。我衷心希望阿斯彭物理中心成为有各种各样想法的人们自由交流的地方，为此我愿继续贡献自己的力量。

参与东京大学研究据点构想的规划

2018 年，当时我还在担任阿斯彭物理中心的总裁，我在日本又担任东京大学科维理数学物理学联合宇宙研究机构主任一职。于是我担任着加利福尼亚州、科罗拉多州和东京三个地方的研究所的领导。

我从计划初创阶段就参与了东京大学的这个研究机构的相关工作，下面我来简要介绍一下。

对于本机构的设立，有多位教授以各种各样的方式做出了贡献，很多人比我做出了更加重要的贡献。因为我了解的情况也并不全面，所以在这里，我只是基于相关文件记载和邮件往来的记录，介绍一些我本人直接参与的内容。

在前文中我也介绍过，在美国大学工作 6 年之后可以享受一年的学术休假。因为我在加州理工学院工作得过于惬意，意识到这一点的时候已经过了 7 年，我想也应该稍作休整，于是从 2007 年的春季学期开始前往东京大学。这是多年以后我再次长居日本，想借此机会能够进一步加深和日本学者的交流。

当时我的女儿该上小学了，我觉得让女儿做"闪闪发光的一年级小学生"①也不错。于是我在汤岛天满宫附近租了短期居住的公寓，每天去东京大学本乡校区工作。

我去东京之前，日本的文部科学省提出了"建设世界顶尖研究中心计划"，正在公开征集具体方案。这一宏大的计划准备在日本的优势学科领域加大资金投入，建设世界顶尖的研究中心。该计划的预算规模每年约为 14 亿日元，建设期为 10 年，如果做出了卓越的成果，期满后还可以延长 5 年。

我刚到东京的时候，东京大学内已经出现了好几个研究中心的构想，其中一个是结合日本已有的粒子物理学领域的若干诺贝尔奖成果和夏威夷莫纳克亚山顶上的昴星团望远镜开展探索宇宙进化方面的基础科学计划。当时，东京大学理学部相原昭博教授和宇宙射线研究所所长铃木洋一郎教授牵头研究这一计划。

有人认为应该在这一研究中心的建设中加入数学，而这一提案的背景是对于日本的数学研究状况的担忧。

以前日本的数学研究在世界上属于顶尖水平，以广中平祐、森重文等获得菲尔兹奖的研究者为领军人物，诸多著名的

---

① "闪闪发光的一年级小学生"是日本某小学生杂志拍摄的家喻户晓的广告。广告中出现的都是即将上小学的孩子，记录了孩子们令人忍俊不禁的童言稚语。——译者注

数学家做出了卓越的成就。可是 2006 年科学技术政策研究所
发表了题为《被遗忘的科学——数学》的调查报告，打破了一
直以来的平静局面。报告的题目十分惊人，表明数学在日本的
科学技术政策中处于被遗忘的位置。

　　该调查报告用各种数据论证了日本的数学研究在国际上的
排名已经显著下降，造成这一结果的主要原因是研究时间、研
究人员数量等数学研究方面整体状况的恶化。另外，欧美各国
大力推进数学和其他领域的交叉融合研究，数学研究者在产
业界也大有所为。可是日本似乎并未理解数学和其他领域的交
叉融合研究的重大意义和可能性。基于这些调查结果，报告建
议，为了促进基础性的数学研究，政府要进一步加大资金投
入，建设数学和其他领域融合研究的发展基地。

　　以上这些是我参与规划之前的情况，所以我不太了解具体
的来龙去脉。我通过阅读当时的文件记录大概了解到，当时有
意见认为从历史的渊源看，物理学、天文学都和数学有很深的
联系，建设物理学和天文学领域的高精尖研究基地计划中，也
可以考虑和数学领域的合作。可是当时提出建议的主要是实验
物理学及天文学方面的教授，所以对于如何与数学领域合作没
有具体的想法。

　　而我本人一直在物理学和数学方面进行着跨领域的研究。
数学和物理学的融合研究以 1984 年的超弦理论革命为契机获

得了急速的发展，现在已经成为一股巨大的潮流。在过去 30 年的数学菲尔兹奖的获奖者中，约有 4 成人是受到了超弦理论的启发，这也能看出数学和物理学融合研究的巨大影响力。我们发现的 BCOV 理论，在与数学的交叉融合研究方面起到了很大的作用。我们发表于 2004 年的论文中指出 BCOV 理论可以应用于黑洞的物理学研究领域。我感到与数学的跨领域研究可以延展到物理学、天文学方面更加广阔的领域中。

在大家探讨研究中心的建设计划之时，我来到东京大学担任客座教授。我在很多场合讲到了数学和物理学方面的交流，也写了一些相关的科普类文章。东京大学邀请我参与此项研究中心建设的规划，旨在推进物理学与数学的合作研究。这正是我十分感兴趣的领域，我愉快地接受了邀请。

关于当时的详细经过，可以参考东京大学科维理数学物理学联合宇宙研究机构的刊物《IPMU 新闻》2011 年 6 月版，上面刊载了对冈村定矩的专访。冈村定矩是东京大学的理事、副校长，他为 IPMU 的成立付出了艰苦卓绝的努力。时任东大校长的小宫山宏在其自传《我的履历书》(《日本经济新闻》2020 年 11 月连载) 中写道："提议建立这个机构的是冈村定矩副校长。一天，冈村兴奋地跑来对我说，'校长，我们讨论出了一个好计划'。"冈村定矩在专访中说："计划的内容不断变化，具体的时间点我已经记不清了，总之某一时刻开始，大栗博司参与到了计划中，准备将数学融合进来。从这一时期开始，我们明确感到'计划发生了很大的变化，变得极具吸引力'。……听了大栗教授的讲解，我们愈发强烈地感受到数学和天文学、物理学的结合大有可为。……在普通人看来泾渭分明的数学、物理学和天文学，在这个计划中显示出了交叉融合研究的明确路径，这是此计划最大的优势。"

相原也在采访中提到这一点："当时我们十分苦恼，想不出跨领域融合研究的具体方案。……碰巧大栗教授来到物理学教室，柳田勉教授说了说我们的困惑，大栗教授提议说，可以考虑和数学的交叉融合研究。……由此，我们的计划开始转向以数学和物理学融合为基础的方向，大栗教授的建议是实现这一转变的契机。"如此说来，我确实是在物理学教室，从柳田教授那里第一次听说这个计划的。

"宇宙的数学"是什么

在我加入计划后，在某次讨论中，我们决定请加州大学伯克利分校的村山齐担任机构主任。村山作为伯克利分校团队的一员，参加过在神冈探测器原址所进行的地下实验，在日本的基本粒子实验领域的教授中口碑很好。对此我自然十分赞成，于是负责推进研究计划的相原和铃木二人前往伯克利分校，劝说村山接受这一职位。如果村山接受邀约，就要身兼两职，担任机构主任的同时还要兼顾伯克利分校的工作。我对美国大学的情况比较熟悉，也给村山打了电话，介绍了相关情况。

村山接受了这一职位，于是我们开始撰写正式的申请报告。为此我们要先确定研究机构的名称。村山提议说，可以起名为"Institute for United Picture of the Universe"。翻译过来就是宇宙联合图景研究所，确实是个让人耳目一新的名字。

也有人提意见认为要在名字里强调和数学的联合关系。一次，我正在本乡的研究室里读论文，相原突然来找我，说能不能想办法把数学放到名字里。我们两个人沉思了许久，终于想到一个名字：Institute for Physics and Mathematics of the Universe。

可是也有一个问题让我们反复思量。"Physics of the Universe"指宇宙物理学，有这个英语单词，我们不确定"Mathematics of the Universe"这个表达是否合适。我们希望建设一所国际化的研究所，所以想避免使用生搬硬造的日式英语。在向大家提议这个名称之前，我们查阅了相关文献，想看看到底有没有这个名称。于是我们发现英国牛津大学教授罗杰·彭罗斯在英国的权威科学期刊《自然》(*Nature*)上撰写了一篇文章，题目中就用了"Mathematics of the Universe"这个表达。既然彭罗斯都能把这个词用在《自然》杂志的文章题目里，这个表达肯定没有问题。

　　为了稳妥起见，我又去咨询了普林斯顿大学老师的意见。他们认为最好在"Physics and Mathematics"的前面加上定冠词"the"。尽管我多年来一直在使用英语，可像这种冠词的用法还是没有掌握到家。所以我们研究机构的名称最后就定为"Institute for the Physics and Mathematics of the Universe"。一般我们用首位字母缩略语"IPMU"来称呼这个研究机构，因为本书中会多次提到这个机构名称，所以就使用缩略语的形式了。

　　"IPMU"直译为宇宙的物理学与数学的研究所，可这样似乎过于平庸，所以就翻译成了数学物理学联合宇宙研究机构。这里没有用研究所，而是用了机构这个词。因为我想强调这里集结了物理学、数学、天文学等广泛领域的研究者。集合若干研究所的组织一般称为机构，例如位于筑波的 KEK（High Energy Accelerator Research Organization）[⊖]包含了基本粒子原子核研究所等 5 个研究设施，正式的名称为高能加速器研究机构。

　　那篇题目中包含 IPMU 英语名称由来的《自然》杂志稿件的作者是彭罗斯，他是引力理论方面的大家，2020 年因为发现黑洞的形成是对广义相对论的有力预测而获得了诺贝尔物理

　　⊖　KEK 的缩写源自于日语"高エネルギー加速器研究機構"的罗马音缩写，所以与其英文名称无关。——译者注

学奖。他给《自然》杂志投稿的这篇文章是一篇书评，介绍了斯蒂芬·霍金和乔治·埃利斯共著的《时空的大尺度结构》[69]（*The Large Scale Structure of Space-Time*）这一广义相对论的教科书。书评题目中"Mathematics of the Universe"意指广义相对论是宇宙的数学。

爱因斯坦于 1915 年发表了广义相对论，预言了黑洞以及引力波的存在，而这些预言在其后的天文观测中逐一得到验证。通过将这一理论运用于整个宇宙，我们用科学的方法来探索宇宙的起源、进化及未来。广义相对论理论是 20 世纪的宇宙的数学。

宇宙的数学随着时代更迭而不断变化。古希腊时期，宇宙的数学是由研究圆形、三角形等问题的初等几何构成的。在本书第 1 章中，我提到自己曾经利用三角形的性质来测算地球的大小，这正是古希腊时期的宇宙的数学。

很长时间以来，宇宙的数学是研究圆和三角形等问题的初等几何，这一状况延续到了 17 世纪初。在本书第 1 章"挑战解读'从天上寄来的信'"这一节中，我引用了伽利略的话，"为懂得宇宙这本大书，人必须首先懂得它的语言和符号，它是以数学的语言写成的"。其实伽利略在这句话的后面还写道："这一语言是三角形、圆等几何图形。"

伽利略确立了基于实验和观测的现代科学的各种方法，是一位伟人。但他使用的数学是古希腊时期的初等几何，并没有什么发展，因此他未能够洞悉物体运动的本质，也没能构建力学体系。迈克尔·霍斯金在《天文学简史》[70]（*The History of Astronomy: A Very Short Introduction*）一书中这样写道："伽利略不太擅长复杂的数学理论，对此有回避的倾向。这使他在宣扬哥白尼学说的运动中并未取得太好的效果。"

对记录天体运动的力学体系而言，微积分是不可或缺的知识。伽利略去世之后第二年，艾萨克·牛顿出生了。牛顿日后成就了同时完成构筑力学体系、发现微积分这两项伟大事业。从此 17 世纪的宇宙的数学变成了微积分。

由此可见，公元前的宇宙的数学是研究三角形、圆等问题的几何学，自 17 世纪起，宇宙的数学变成了微积分，而 20 世纪时宇宙的数学是广义相对论。

那么 21 世纪的宇宙的数学是什么呢？

我认为是量子力学和引力的统一理论。想要探索初期宇宙的各种谜题，探寻弥漫于宇宙中的暗能量的基本属性，探究黑洞的神奇性质，都需要具备引力理论和量子力学两方面的知识。超弦理论是被众多科学家寄予厚望的大统一理论，有可能成为 21 世纪的宇宙的数学。

牛顿的力学研究引发了对微积分的发现。这些又成为今日的科学技术的基础。IPMU 名字当中的"M"和"U"代表着"Mathematics of the Universe",这表达了我们的雄心壮志——通过最前沿的宇宙研究来开拓 21 世纪的新的数学领域。

茶歇中诞生的跨领域研究的成果

IPMU 自 2007 年设立以来,数学家、物理学家和天文学家进行了广泛而深入的交流,也产出了很多跨领域的成果,在这方面每天下午 3 点的茶歇时间功不可没(见图 3-4)。

图 3-4　位于 IPMU3 层的交流广场

每天下午 3 点是茶歇时间。左后方的柱子上刻着伽利略的名言:"宇宙是以数学的语言写成的。"

日本的大学也有在研究室设立茶歇时间的,这对教授和学生来说是增进交流的好机会。欧美的研究所往往把茶歇当作研究所的一项全体活动。我在 20 多岁时曾在普林斯顿大学的高等研究院研修过一段时间，当时每到下午 3 点，研究院主楼的大厅里就会摆上红茶和刚烤好的曲奇，基础科学、人文社会科学等领域的研究者聚在一起喝茶，展开交流。我在思考物理学的问题的时候，也经常和在茶歇中碰到的数学家一起商谈寻找解决问题的对策。

促进各领域之间的交流，放低门槛很重要。把数学家、物理学家和天文学家集中在一起，要求他们展开交流，一时之间是找不到合适的话题的。因为大家的专业用语都不一样，有可能根本听不懂对方在说什么。

可是如果只是请大家出来吃些点心，所有人都能轻松地加入。只是来吃点点心，不用谈学术方面的事情。基础科学的研究就像是一场不带地图的旅行，未必每天都有进步。可是每天在茶歇的闲聊中，自然会聊到一些学术方面的话题。我在本书第 2 章"首次海外出差住进了韩国总统的别墅"一节中也写过，与不同领域的人的交流能够帮助人放松下来。

IPMU 的另一个优点是明确定义了自己的使命。IPMU 的使命是，"集结物理学、数学、天文学，探索宇宙最深邃的谜题"，这一使命也体现在" Institute for the Physics and Mathematics of the Universe"这一名称中。所以在茶歇时，宇宙也经常成为大家共同谈论的话题。宇宙是一个非常宽泛的概念，不论是数学家、物理学家还是天文学家，都可以从中寻找到学术方面的意义。

随着科学的发展，知识和技术也在不断地深化进步。所以各个领域不断细分化、专业化是理所当然的。交叉融合研究并不是要逆势而行，而是想在不断发展的各个领域之间架起桥梁。

IPMU 为各领域的研究者进行交流架起了两座桥梁，一座是下午 3 点的茶歇，另一座是茶歇时大家谈论的"宇宙"。通过架设这些桥梁，我们促进了研究者之间的交流，帮助大家跨越领域之间的壁垒，实现新的研究。

IPMU 的诞生，成为科维理冠名研究所

让我们再回到 2007 年。这一年，我们完成了 IPMU 的书面申请材料，提交给文部科学省，此时我作为客座教授也结束了在东大的任期。

8 月的暑假，我带着家人在法国旅行的时候，收到了来自日本的消息。我们已经通过了书面材料的审核，下一步要进行项目听证会。为了表明我作为一名美国大学教授，愿意来日参加东京大学的研究基地的建设这一意愿，我希望能够参加听证

会。于是我把家人留在法国，紧急安排了三天两晚的行程前往东京参会。项目听证会在新大谷酒店举行。

户塚洋二继承了小柴昌俊的衣钵，领导着超级神冈探测器的建设。他的自传收录在《与癌症做斗争的科学家的记录》[71]一书中。户塚在 2007 年 8 月 30 日前后写道："今天开始为期两天的会议，昨天就入住了新大谷酒店做相关准备。"这段记录讲的正是户塚不顾病痛，为此次项目听证会担任审查委员。

户塚还在自传中提到，当时有一位从欧洲来的审查委员在听证会结束后立刻飞往意大利，要去埃里切小镇的物理夏校讲课。其实我在答辩结束之后也去了埃里切小镇，在夏校的会场再次见到了这位审查委员。他主动来和我握手，虽然我没有问他听证的结果如何，但我看他灿烂的笑容，心下暗想：可能是通过了。第二天东京方面传来消息，我们的申请被采纳了。

从欧洲回到美国，恰逢科维理先生的八十寿辰，为此举办了盛大的庆祝宴会。科维理基金会在加州理工学院设立了科维理讲席教授的职务，我作为这一教职的担任者，也被邀请前往参加宴会。

当时相原正在和我商量，希望 IPMU 有机会得到科维理的冠名。于是我在科维理先生的生日宴会上介绍了刚刚获批的

IPMU 计划。科维理先生以及其他的各位理事都表示了极大的兴趣，翌年春天，基金会的代表团前往日本视察。

科维理基金会当时已经给剑桥大学、哈佛大学、斯坦福大学、加州理工学院等世界各地的名校捐赠了冠名为科维里的研究机构。财团向各个研究机构捐赠基金，将基金的收益用作科研经费，同时获得命名权。所以我们也希望 IPMU 能由科维理冠名，请他们设立基金。

可是还没有过给一所用国家的资金支持进行运营的研究所冠以基金会名称的前例。另外，东京大学也没有用基金里的钱进行投资，从中获益的经验。按照当时日本的规定，像这样的基金只能进行银行存款获利等一些保本收益的投资，所以也无法像美国那样能将基金投资所获得的 5% 的收益当作研究费用。

在这些纷繁复杂的情况中又发生了次贷危机，科维理基金会也受到了很大损失，所以冠名一事暂时就搁置了。

我一直与科维理基金会保持着联系，3 年后我想重启这一计划。2011 年 1 月，村山和东京大学副理事来到洛杉矶，我们三人在加州理工学院我的住处商谈到很晚。第二天一早我开车送他们去基金会本部。当时基金会要求东京大学提交正式的计划书，冠名一事正式启动了。翌年科维理基金会为 IPMU 设立了专用的基金，同时机构名称也改为科维理数学物理学联合宇宙研究机构。

　　冠名科维理有三个好处：①有了稳定的科研经费；②全世界的名校中大约有 20 所科维理研究所，进入科维理大家庭，拓展了我们开展国际联合研究的领域，北京大学的科维理研究所和我们之间有共同的博士后计划；③科维里的冠名提高了我们的国际认知度。

　　科维理基金会与我之间，除了加州理工学院的科维理讲席教授、东京大学的科维理数学物理学联合宇宙研究机构之外还有一重联系，我和中国、印度、日本、韩国的朋友共同举办的，每年在冬季召开的亚洲物理学冬校也得以冠名科维理，成为"科维理亚洲冬校"。几年前，科维理基金会的相关人士来加州理工学院，拜访我的研究室。当时我谈到了这所冬校的工作，对方说非常想支持这样的活动。我们在科维理基金会的支持下，得以持续稳定地推进这项培育亚洲地区年轻科研工作者的富有意义的活动。我十分感谢科维理基金会在振兴基础科学、培育年轻学者方面给予我们的巨大帮助。

真正让自己乐在其中的事情是什么

　　设立 IPMU 的契机是"建设世界顶尖研究中心计划"，这一计划的目的是建设国际知名的研究基地，要实现以下 4 个目标：

1. 进行世界顶级水平的研究；

2. 发展新的跨学科领域；

3. 创造国际化的研究环境；

4. 促进研究体系的改革。

IPMU 在这 4 个方面都获得了巨大的成功，因此在文部科学省的研究基地计划中是唯一获批了 5 年的延长资助的研究机构。在更加稳定的资金支持下，我们的发展更加稳定持久。

IPMU 获得成功的主要原因是首任机构主任村山的不懈努力。

村山和我一样，都参与过美国大学的运营管理工作，这对 IPMU 的成功也是有所助益的。

科研基地建设的 4 个目标中，1、2 与研究有关，3、4 与管理和运营相关。日本大学的某些制度与国际通行的标准有较大差距，削弱了日本的国际竞争力。大家希望对这些制度进行改革，并且将这些改革措施推广到东京大学乃至日本国内的大学和研究所中。

可是想要通过研究体系的改革，创造国际化的研究环境，仅仅引入美国和欧洲大学的好的组织架构和制度并不能发挥作用。各个国家的大学制度是基于各国的历史和现实条件所形成的，众多的体系和制度要有机地结合起来才能发挥作用。如果只是把其中看上去不错的体系和制度拿过来模仿的话，未必能和日本的制度融会贯通。

另外，如果只是在美国、欧洲的大学里做过博士后研究，或者担任过一年左右的客座教授的话，对于欧美大学的组织架构和制度恐怕是不甚了解的。对于大学来说，博士后研究人员和客座教授都是客人，他们没什么机会看到在另一面的组织运作的真实情况。

而村山和我在美国大学长期执教，我还担任了阿斯彭物理中心的总裁，推动了加州理工学院理论物理学研究所的设立。我深入参与了大学的运营管理工作，算是美国大学的"局内人"，因此我明白什么样的体系能够在日本的制度中扎根，为此应该采取什么行动。我想这也是 IPMU 获得成功的原因之一。

参与 IPMU 的各项工作，帮助我的研究开辟了新的方向，我在下一节会讲到研究所必须确立自己的使命。IPMU 的使命是"集结物理学、数学、天文学，探索宇宙最深邃的谜题"。此前我致力于研究超弦理论的数学方面的问题，也许受了这一使命的影响，我开始审视自己在超弦理论方面的研究对于整个宇宙的问题具有怎样的意义。

成果之一就是我在 2018 年发表的关于宇宙暗能量方面的论文。从天文观测我们知道宇宙现在以加速度膨胀，一般认为是某些能量的影响形成了这一现象。我们对这些能量还不甚了解，把它们称为暗能量，这和暗物质一样都是宇宙中巨大的谜题。我使用超弦理论对暗能量的普遍性质提出了一些设想，因为我的这些设想和以往固有的一些认识有所不同，所以引发了广泛的争论。在当年发表的粒子理论领域论文中，该论文被引用数量是最高的。而我的这一研究是在十几年前，即 2006 年发表的另一篇论文的基础上发展而来的，因此发表于 2006 年的那篇论文也再次获得了关注。前文中的图 3-1 介绍了我的论文被引用的情况，也正是因此，过去两年间我的论文被引用数量大幅增加。正是因为我参与了 IPMU 的各项工作，才能够展开这样的研究。

2017 年，我们开始筹备 IPMU 成立 10 周年的庆祝活动。村山担任机构主任已满 10 年，他本人也觉得该换一任机构领导了。大家有意推荐我做下一任的机构主任，我并没有立刻回应。

因为当时我已经收到了加拿大普里美特理论物理研究所所长一职的聘书。普里美特理论物理研究所设立于 2000 年，拥有 200 亿日元以上的丰富的基金，同时安大略省政府每年还给予 10 亿日元左右的资助。这是一所理论物理学领域规模很大的研究所，作为所长能够掌握的自由度也比较大，对于我来说是一个极具吸引力的职位。

当时我们要召开纪念 IPMU 成立 10 周年的研讨会，我担任了筹委会的主席。IPMU 不仅进行数学和理论物理学的研究，在宇宙观测和实验物理学方面也开展世界最前沿的研究。例如用人造卫星测量从初期宇宙的大爆炸释放出的光，以此验证和宇宙学相关的一些假说的相关实验；用昴星团望远镜观测宇宙中的暗物质和暗能量；在产出了两个诺贝尔物理学奖的神冈探测所的地下实验中，也活跃着来自 IPMU 的研究者。在纪念 IPMU 成立 10 周年的研讨会上我听了许多演讲，内容是介绍 IPMU 进行的实验及观测的成果，以及揭示了这些成果在未来的可能性。我在听演讲时，一个想法逐渐清晰起来。

我之前从事的都是理论物理学方面的研究。我担任了加州理工学院的沃尔特·伯克理论物理学研究所所长以及阿斯彭物理中心的总裁的职务，这些也都是理论物理学领域的研究所。加拿大的普里美特理论物理研究所规模较大，所从事的也是理论物理学方面的研究，所以担任普里美特理论物理研究所所长，在学问上并没有拓展新的方向。科学就是基于实验和观测提出假说，通过验证这些假说不断累积实实在在的知识。此前我没有从事过实验和观测方面的工作，作为 IPMU 机构主任有机会进行实验和观测方面的运营管理工作，这将大大增长我作为一名科学家的见识和经验。

在思绪万千之际，我想起了 30 年前在东京大学担任助教的时候，东岛清对我说过的一句话，"当你犹豫不决的时候，就做自己最感兴趣的事情"。东岛是我在京都大学的学长，当时他也担任东京大学的助教。也许是他觉得我硕士毕业就来担任助教，可能困难比较多，所以对我多有关照。每当我在选择研究课题或是面临人生各种情况的时候，东岛的这句话总能给我一些参考。

东岛话中所指的是"能否真正乐在其中"。例如选择研究课题的时候，要完全忠实于自己对知识的好奇心。我在本书第 1 章中曾经引用过我和佛教学者佐佐木闲的对谈，"万物在能发挥其作用时是幸福的"。我们用于研究的时间有限，必须选择最能发挥自己的能力、最有意义的研究。我们要让自己的好奇心沉淀下来，对有价值的研究乐在其中。我想"真正乐在其中"对基础科学研究来说是非常重要的，关于这一点我在本书的最后一部分中详细介绍。

究竟应该担任普里美特研究所的所长，还是 IPMU 机构的主任，我在犹豫不决的时候再次想起东岛的话。于是我选择了能够最大限度发挥我现有的能力、拓展我的潜能的 IPMU。

不忘使命

在我接受 IPMU 机构主任这一职位的时候，想起了彼得·戈达德对我说过的话。戈达德和我一样，主要从事超弦理论的数理方面的研究，是我的旧时挚友。我在京都大学数理解析研究所任副教授的时候，我们曾经一起爬过鞍马山，回来的途中在贵船的川床上纳凉，相谈甚欢。后来在他担任剑桥大学教授期间，我曾拜访过他家，看到他家里还摆放着我们在京都拍的照片。

戈达德在担任剑桥大学教授时，设立了艾萨克·牛顿数理科学研究所。他还担任过剑桥大学圣约翰学院的院长，之后在高等研究院担任了 8 年院长的职务。

后来他从高等研究院退任，迪格拉夫接任院长。戈达德退任后曾经来 IPMU 停留过几周。机会难得，我趁机对他进行了专访，请他谈谈设立牛顿研究所以及在高等研究院任职的宝贵经验。那篇报道后来收录在拙著《基本粒子理论的风景 2》[72]一书中。

当时戈达德对我谈了两个非常重要的问题：

首先不能忘记研究所的使命，不能看到好的研究题目就想进行这方面的研究。研究所的资源是有限的，如果什么研究都开展的话，恐怕会损失做别的事情的机会。而损失的机会也许能带来更大的成果，这就是所谓的机会成本。若要最有效地利

　　㊀　川床在日语中是河床的意思，京都地处盆地，夏季闷热，入夏后京都的一些店家会在河床上架起台子，让客人在河床上纳凉用餐。——译者注

用资源，力争做出顶尖的成果，就要以研究所的使命为指针，承担准确计算后的风险。

IPMU 作为研究所取得了很大的成功，得到了很高的评价。因此 IPMU 能收到各种各样极具魅力的方案，可是并不是什么都能做。我们要坚守使命，即"集结物理学、数学、天文学，探索宇宙最深邃的谜题"。

戈达德向我介绍的另一条经验是要考虑时间的维度。研究所已经良好运转了 10 年，可是下一个 10 年怎么发展呢？此时我们需要回顾过去 10 年的成功经验，规划下一个 10 年的愿景。

我在就任机构主任后立刻成立了长期战略计划委员会，也是因为想起了戈达德的话。

我作为机构主任，感到自己还肩负另一重使命。

从国际的视角来看，日本的科学研究缺乏多样性，这是一个比较大的缺陷。IPMU 的长期研究者中有 5 成左右是外国人，IPMU 是一所国际化的研究所，在国籍的多样性方面在日本国内是非常出色了，可是女性研究者的比例和其他外国研究所相比要低得多。

多样性是关乎正义的问题，要给所有人公平的机会。多样性对于解开宇宙最深邃的谜题这个研究所的使命来说也非常重要。在基础科学研究的领域，我们要鼓励大胆的创意，引入多样化的视点，展开细致的讨论，由此勾勒出研究的雏形，这是非常重要的。为此我们要创造一个自由自在的求知环境，聚集于此的人们应该互相尊重，摒弃先入为主的观念和想法，只有这样的环境才能产生重大的突破性的研究。

研究所必须是一个能让科学家自由地、集中精力探索真理的环境。此前我在高等研究院、京都大学的数理解析研究所、加州理工学院、阿斯彭物理中心等堪称乐园的各个研究所学习、工作过。我非常感激，正是因为有这样卓越的环境，才最大限度地激发了我的潜能。我作为机构主任也将不懈努力，把IPMU 建设成科学家自由的乐园。

新冠疫情加速了基础科学的平等化进程

此时此刻，当我在写书稿的时候，新型冠状病毒在全球肆虐，社会活动在很大程度上被限制了。东京大学及加州理工学院从 2020 年春季开始，将所有课程都变成了线上授课，另外一些出入机构方面的限制也给研究活动带来了巨大影响。阿斯彭物理中心在 3 月召开了紧急理事会，决定终止 2020 年夏季的研究招募计划。我希望在本书出版之际，疫苗接种显现效果，新冠疫情逐渐得到控制，社会活动得以恢复。

另外，居家期间我也深刻感受到了数字革命，尤其是虚拟世界的拓展。在新冠疫情结束之后，这也会给整个社会的运行方式带来一些变化。下面我想介绍一下我们这些研究者是如何应对新冠疫情时期的各种情况的，并在未来如何去有效利用这些经验。

在新冠疫情肆虐的时候，大家使用 Zoom 等网络会议的机会大大增加了，其实我们学者为了能够和身处异地的共同研究者展开讨论，在疫情之前也频繁使用网络会议。现在一些讲座和国际会议也都改为线上举行。

以我自己为例，昨天我在牛津大学的讲座上讲话；今天我要主持在南非举行的国际会议；明天又将出席美国联邦政府委员会的会议，在这期间我还与学生及博士后研究人员进行了面谈，我甚至还出席了 IPMU 和加州理工学院的运营方面的会议。以上所有这些事情都是在我家中的书房进行的，这样的日子已经持续一段时间了。

线上的讲座和国际会议，首要的成就是加快了研究信息传递的速度，同时也大大增加了地方大学和发展中国家的研究者听到最前沿讲座的机会。这一情况让我想起了发生在 30 多年前的基础科学方面的巨大变革。

我在 1988 年在高等研究院研修的时候，超弦理论研究方面的同行乔安妮·科恩开始了一项用电子邮件系统来发送最新预印本的服务。我们这些研究者有邮寄预印本的传统，即以邮寄的形式相互交流尚未通过同行评议的稿件。科恩想到可以用电子邮件的形式来传送预印本，研究者把写好的论文以文本形式传送给她，第二天科恩会把这些论文转发给在她邮件地址簿上的其他研究者。可是这一系统也有问题，首先，这件事完全仰仗科恩的义务劳动；其次，当时计算机的储存空间太小了，寄送来的论文文件会迅速地占用所有储存空间。

1991 年 6 月，在阿斯彭物理中心召开的超弦理论研究会上，我们在共进午餐的时候谈起了这件事。保罗·金斯帕格说，应该有一个更完善的体系。于是在阿斯彭物理中心迅速成立了一个工作小组，金斯帕格擅长编程，几天后他就搭建起了一个自动发送预印本的系统。两个月之后，洛斯阿拉莫斯国家实验室把计算机作为信息存储库的"电子预印本文献库"启动了。只要登录这个文献库，就能收到最新投稿论文的标题和摘要的列表。将想读的论文的编号以邮件形式发送给文献库，就能收到论文文件。1993 年这一系统开始通过网络发送预印本。

当预印本论文还要用邮寄的方式来传递的时候，如果不是欧美主要研究机构的研究人员，就很难获取最新的研究信息。1984 年超弦理论革命爆发的时候，我还在京都大学读研究生，要花 3 个月的时间才能拿到预印本。可是今时今日在世界的任何一个角落，每天都能读到最新的论文。不论是欧美的主要研究机构还是发展中国家的大学，在信息环境这方面是平等的。可以说电子预印本文献库让基础科学的研究迈向了平等化。

回想电子预印本文献库设立的情况，我感到这一体系带来了基础科学的平等化，促进了研究领域的交流。现在以线上形式进行的演讲和国际会议更加速了这一进程。

身在加州理工学院等美国主要大学的好处之一，就是每天都能听到令人耳目一新、深受启发的讲座。新冠疫情期间讲座变成线上举办，这使得发展中国家的研究者也能参加同样的讲座，提问交流。还有很多大学和研究机构将线上讲座录像后公开，人们可以在合适的时间看自己感兴趣的讲座。

通过网络举行的讲座和国际会议显示了一种全新的学术交流方式。和电子预印本文献库一样，也有机构致力于做演讲录像的文献库，美国的西蒙斯基金会等机构为它们提供了支持。

落后于世界潮流的日本

令人遗憾的是，日本的大学和研究所已经完全落后于这样的世界潮流。因为日本对版权的保护十分严格，所以为了公开演讲的录像，需要非常认真地检查所使用的插图和影像的版权，有时需要办理允许使用的手续。为了要向外宣传 IPMU 的研究者的成果，我们曾委托中介预估过版权使用的费用，得知

30 分钟左右的录像大约需要花 100 万日元，这就导致项目无法进行下去。

在美国，著作权合理使用（Fair Use）原则（出于公正的目的，允许他人自由使用享有著作权的作品，而不必征得权利人的许可）已经以判例的形式得到确立。在特定条件下，允许出于学术交流的目的，使用享有著作权的作品。根据我在世界各国进行演讲的经验来看，因为著作权原因而不能对公开演讲录像的只有日本。

欧美的研究所一直以来致力于对公开演讲录像，在新冠疫情期间进一步提高了在网上输出信息的能力，争先恐后地提升自己的认知度。反观日本的大学和研究所，因为日本所特有的对版权的过度保护，它们在虚拟空间的国际竞争中会遇到巨大的障碍。

我曾就这一问题咨询过文化厅，他们回复我说，"在保证创作者权利的同时，也认识到顺畅地使用内容对促进社会整体发展是十分重要的""以研究为目的，有可能在特定条件下允许自由使用享有著作权的作品，而不必征得权利人的许可。对于使用对象和相关条件需要进一步讨论研究""对于研究目的的权利限制，在调查研究其他国家的制度、应用情况后实施"。我很期待今后的进展。

我们也要看到在新冠疫情时期，有一些对日本比较有利的状况。迄今为止，日本和欧美各国相比，对疫情的防控还是比较成功的，所以我也能听到不少海外的优秀研究者希望来日本进行研究。我发现这是邀请海外优秀研究者的一个好机会，于是紧急在 IPMU 成立了几个专项计划。

有很多优秀的研究生和博士后研究人员原本已经确定了在国外的下一个职位，但是因为入境限制而不能入职，因此我就启动了一个在他们赴海外就任之前的短期雇用计划，我把这个计划命名为"吃过路的博士后计划"。吃过路兵（En passant）是国际象棋的用语，指捕获路过的兵卒。在这个计划的帮助下，我们获得了很多之前拒绝了 IPMU 的优秀人才。

虚拟空间不仅可以有效运用在学术交流方面，还可以在对社会大众的外展服务方面发挥作用。我们在 2020 年春天举行的面向一般社会大众的线上活动，每次都有数百人到数千人参加，其中超过一半的人观看到了最后。参加者中北至北海道，南到冲绳，聚集了来自日本各地的人。以往举办的线下活动，只有能够前往东大校园的人前来参加。而在虚拟空间中举办的活动能够有效外展到全国，这对于平衡地方和城市之间的信息差也起到了一定的作用。

从参加活动的人员构成来说，参加真实空间活动的大多是时间比较充裕的人，而参加虚拟空间活动的人中，有相当数量的初高中生和大学生。对每天忙着应试学习和学校的社团活动的中学生而言，参加能在线上收看的活动更方便。在疫情期间我们已经了解到这些虚拟空间中外展活动的优点，在疫情之后我们也想沿用这些好的做法。

以上我谈到的是在虚拟空间中交流的好处，可是在学术交流或者外展活动中，也有一些是在线上无法替代的部分。我参加国际会议的主要目的除了进行演讲或者听演讲，更重要的是在茶歇或是会餐等非正式场合的交流。在这里我能见到久未谋面的其他研究者，从他们那儿听到一些小的想法，或者当面问一些不必专门写邮件去问的小问题。我往往会收到一些意想不到的回应，而这些回应又能启发我，推进我的研究，甚至以此为契机开展新的共同研究。

在提前设定好议题的前提下，网络会议是非常有效率的，可是如果想要促进事先没有预想到的突破或不同领域之间的融合性的发现，就需要能够更加轻松地交谈的场合。以新冠疫情为契机，我们尝试了虚拟空间的各种灵活应用，在后疫情时代，我们要继续摸索基于真实空间和虚拟空间有机组合的研究所的崭新形态。

上面我介绍了研究所在运营方面对新冠疫情的一些对策。经常有人问我，IPMU 是否进行直接可以应对新冠疫情的相关研究。我们进行的是基础研究，未必能立刻应用到现实社会的问题上。那么社会为什么还要支持我们这样的基础研究呢？关于这个问题，我将在接下来的第 4 章中谈一谈自己的想法。

专栏·时间管理和健康管理都很重要

　　我担任加州理工学院理论物理学研究所所长、IPMU 机构主任，到 2019 年为止还担任阿斯彭物理中心总裁。经常有人问我，在身兼三个管理职务的情况下如何确保自己的研究时间？这是个非常重要的问题，因为想要在研究院所的领导岗位上发挥作用，首先自己必须是活跃在第一线的研究者。

　　进行研究工作，需要确保能够有全神贯注工作的完整时间。做管理方面的工作，时间和精力总是被一些琐事搞得支离破碎。这些事务性的工作大多容易解决，所以每当研究陷入僵局时，我总是忍不住想要先处理这些管理方面的工作。

　　因此我决定上午的时间不用来处理管理和运营方面的工作，而是尽量集中精力搞研究。日本和加州有时差，所以需要联系 IPMU 的时间一般在加州时间的傍晚以后。我的时间分配是上午进行自己的研究，下午进行教育以及管理方面的工作。去日本的时候，如果是一周左右的出差，通常我会按照加州的时间来生活，这是为了防止因时差而导致的时间感觉混乱。我会半夜起床一直工作到太阳升起，这段时间我集中精力思考研究方面的问题。不过到了傍晚，我必须像灰姑娘一样赶快回家，所以不得不拒绝一些晚上的邀约。

对我而言，时间管理就是既要确保有时间专注于自己的研究，还要花时间阅读其他学者的论文，把握本领域前沿的研究状况，要均衡分配这两方面的时间。电子预印本文献库会把每天的论文目录推送给我，我既要认真地阅读最新的论文，也要不断推进自己的研究，掌握其中的平衡十分重要。

进行时间管理的同时，我也注重对身体健康的管理。回想起在高等研究院的时候，我十分敬佩同事们彻底思考问题时强韧的持久力。研究也是一种体力的较量，所以很多人平时就很注重锻炼身体。我在高等研究院附近的树林散步时，经常看到很多物理学家和数学家在慢跑。

也有些人每天都去健身房锻炼，肌肉发达到让人以为他是用肌肉来思考的。"肌肉是不会背叛你的"，这句话曾入围2018 年流行语大奖的评选。基础科学研究者是不带地图在沙漠中行走的旅人，所以有时很久都看不到自己的进步。锻炼肌肉每天能够看到自己努力的成果，这对保持精神状态稳定大有裨益。

几年前我开始定期去加州理工学院的健身房，在教练的指导下健身。自从女儿去了东海岸的寄宿学校之后，我家的房间空出一间来，我把这个房间改造成小型的健身房，方便在家锻炼。我把数字电视放在健身器械前面，一边进行有氧运动，一边通过互联网收看世界各地的大学及研究所举行的讲座和研究会。

另外我还参加了在家就能进行的线上健身教程，教练通过网络会议实时对我进行健身指导。在新冠疫情肆虐的时期，居家需求不断增长，这样的服务也应运而生，它们帮助我保持了健身的习惯。

第 4 章
基础科学
对社会的意义

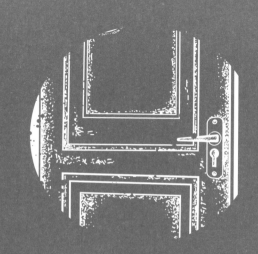

东日本大地震后重新审视基础科学的意义

我在上小学时感受到了思考的乐趣，前面几章回顾了从那时起到现在为止我的求知旅程。在长达 75 年的日本的和平与繁荣的生活中，我能以基础科学为职业，凭借自己的好奇心开展研究，我感到十分幸运。为此，我要感谢从二战后的废墟中站起来，建设了今日的日本社会的父辈和前辈。

同时，我在科学家的成长路程上得到了很多机会。我考入京都大学理学部，按照自己的喜好尽情学习；我进入研究生院那一年发生了超弦理论革命；当我还没有取得博士学位的时候，就去东京大学担任助教；我在海外也积累了各种各样的经验。这些对于我的人生而言都是宝贵的馈赠，我要最大限度地发挥它们的效用。

归根结底，科学是在观察自然现象和实验的基础上建立假说，并为了验证这些假说进行更加深入的观察和实验的一种历程。经过验证，被科学家广泛认同的假说就成为一个确立的科学知识。科学可以分为两种：以发现真理为目的的基础科学和以科学知识的实用化为目的的应用科学。本书提到科学的时候指的是基础科学。

　　科学研究的方法是发现这个世界上客观存在的真理，这一方法是如何被发现的，又如何发展而来的呢？关于这一问题，斯蒂芬·温伯格所著的《给世界的答案》[73]（*To Explain the World*）一书中有详细论述。这本书十分引人入胜，日语版出版的时候，我有幸受邀撰写了附在书末尾的解读文章。科学的历史这个问题我们可以通过读温伯格的书来了解，我在本书中想探讨科学和社会的关系。

　　我有幸以基础科学为职业，一直心无旁骛地开展着研究工作。可是 10 年前的一件事，让我深入思考了基础科学对社会的意义。这个契机就是 2011 年 3 月 11 日发生的东日本大地震。

　　地震发生时，我正在 IPMU 的办公室里和三名研究人员讨论问题。突然建筑物开始猛烈晃动。那天我上下班乘坐的电车也临时停止运行了，我体验了有家难回的感受。后来因为我留在东京也无济于事，就先返回了加州。可是我认为自己作为一名科学家，必须传达一些准确的信息。于是我邀请了加州理工学院的工程学院研究爆炸现象的约瑟夫·谢泼德教授，请他以"福岛第一核电站的危机"为题进行了面向一般公众的演讲。我将演讲的幻灯片翻译成日语发给在日本人协会里的各位同胞。在灾后的募捐活动中，我和日本人协会的同胞不懈努力，募集到较多的捐款后转给了红羽毛公益募捐组织⊖。

　　⊖　该募捐活动始于 1947 年，因募捐者能得到一根红色羽毛而得名。——译者注

　　我在这些活动中，不由得问自己，在大地震之后进行远离俗世的研究，意义何在？我在这一章，即本书最后一部分，会结合当时的思考结果来论述为什么对社会来说基础科学是必不可少的。

　　在本书第 1 章中有一节是"科学领域的发现无关善恶"，我们不知道科学发现本身能派上什么用场，有可能毫无用处，甚至可能是有害的。那么科学研究工作为什么还能得到社会的支持呢？我将通过回顾科学发展的历史，探讨什么对科学的发展是最重要的，在此之后我将介绍在现代社会中科学的意义。

归根结底科学是从天文学发展而来的

　　我是物理学家，所以必须什么事情都从"根源"来探讨。在科学的各个领域中，最初发展起来的是天文学。

　　为什么科学始于天文学？因为我们人类在生存之外，还想理解生存具有什么样的意义，我们的存在在这个世界上占据了什么样的位置。据我所知，能够发出这样疑问的生物只有人类。为此从古代起，各种文明就致力于解答这些根本性的问题："宇宙是如何诞生的？""宇宙是如何形成的？""宇宙具有怎样的构造？"，从中产生了创世纪的神话和宗教。

　　发现自然界产生的种种现象背后的模式是科学研究中最初

的重要一步。当我是小学生时，被理科的各种实验强烈吸引，也是因为我发现在同样的条件下一定会发生同样的事情，觉得这种发现模式的工作非常有趣。找到模式，意味着能启发你找到在各种现象背后的具有普遍性的法则。

对古人来说，太阳、月亮、夜空中的星星等天体运动，是容易找到模式的自然现象。要观察天体的运动并坚持记录，就会发现存在每天或每年都在重复的模式。根据这些数据能够制成历法，在农业等实际生活中派上用场。因为天文学既能刺激人类天生的好奇心，又兼具实用意义，所以人们从古代起就开始了对天文学的探索。

在古代文明中，公元前2000年左右的古巴比伦人在天文学领域达到了卓越的高度，究其原因有三个：

第一，古巴比伦人认为自己的国王与上天有关联，能够从神灵那里感知到战争、饥荒、瘟疫等灾难的前兆。国王为了保持权威，就必须展示自己拥有预测未来的能力，因此正确预测月食、日食等天文现象是非常重要的。

第二，预测天文现象。古巴比伦有专门的官员负责每天观测星象，并做好记录。观测天象对于国王来说十分重要，所以他对此慷慨解囊，投入大笔资金，古巴比伦的天文学家可以说是国家公务员。

天文学家在泥板上刻下楔形文字进行记录，这些记录会被精心保存，长时间积累下来。有些天文现象通过数年的记录可以探明其模式，如果要预测日食或月食，就需要很长时间的观测。巴比伦的天文现象的记录持续了 700 年以上，所以预测的精准度越来越高。

第三，古巴比伦的代数学水平很高。他们会解二次方程和联立方程组。他们的数学基于 60 进制的计数法，这种方法非常适合处理巨大的数字，因此在恒星运行方面的计算发展到了很高的水平。

总结一下：

1. 社会的需求；
2. 持续努力与长期投资；
3. 高水平的数学。

这三点支撑着古巴比伦天文学的发展。时至今日，这三点对于科学的发展也依然至关重要。

古巴比伦天文学水平之高，看看他们对行星运动的理解就能证明这一点。和以年为周期运行的太阳等恒星的运动相比，行星的运动非常复杂。行星（Planet）这一名称来自希腊语中

"彷徨" (πλaváw) 一词⊖。地球和其他行星在太阳周围以椭圆形的轨道运行，而行星的公转周期又各不相同，所以从地球观测行星运动是非常困难的。

当然在古巴比伦时代的人们并不了解这其中复杂的原理。可是古巴比伦的天文学家经过几个世纪积累了大量观测记录，他们由此计算了行星的运动，最终计算出金星以 8 年的周期运行⊖，火星的运行周期为 47 年，土星的运行周期为 59 年。这些关于天文方面的记录在当时属于国家机密，同时也是国王权威的重要保证。

两种天文学的相遇与发展

另一方面，希腊文明晚于古巴比伦文明，他们没有使用代数方法，而是运用几何学发展出了对宇宙的理解。他们在比较早的阶段就认识到地球是一个球体，在公元前 4 世纪，亚里士多德在《论天》这一著作中指出，因为月食时地球投射在月面上的影子总是圆的，所以地球应当是一个球体。

埃拉托色尼活跃的时代比亚里士多德晚了 100 年左右，

⊖ 在日语中，行星的汉字为"惑星"，就是取自该词的翻译。——译者注

⊖ 古代巴比伦人并不具备"日心说"的知识，他们计算行星的周期并不是行星公转的周期，而是从地球上的观测视角出发，计算行星从天空中的一点出发并返回的周期。今天我们知道这个 8 年的周期相当于 13 个金星年（224.8 天），下面的火星、土星周期也是如此。——译者注

前文也提到他运用几何学知识估算出了地球的周长。古希腊人不仅探索地球的形状和大小，而且还致力于用几何模型来解释行星的神奇的运动。

希腊天文学并不像古巴比伦一样出于维持王权的目的，主要是自由的市民基于他们的好奇心和探索心进行的天文学研究。不过我们要看到，这种自由市民的求知活动是由数量巨大的奴隶的劳动所支撑的。古代希腊是由许多城邦国家构成的，它们之间互相竞争，政治局势往往很不稳定，因此没能像古巴比伦那样形成长期的观测和记录。

古巴比伦的天文学受益于丰富的数据，拥有高超的预测能力，可是他们并不能像古希腊人那样运用几何学知识描绘壮丽的宇宙图景。在本书的第 1 章中曾提到过，同为理论物理学家，施温格和戴森属于代数型的学者，而以费曼为代表的一些物理学家是几何型的学者。同样，在古代天文学当中也有类似的分类，希腊的几何天文学和古巴比伦的算术天文学各有长短。

当亚历山大大帝构建了从希腊到中亚的广阔帝国时，这两种天文学终于相遇了。在其后的长达三个世纪的希腊化时代，古代东方与希腊的文化相融合，希腊人了解到由正确的数据验证过的古巴比伦天文学。这使得天文学向前发展了一大步。公元前 2 世纪，喜帕恰斯利用古巴比伦积累了数个世纪的月食记录，推算出了月亮和太阳的精确的几何模型。

　　三个世纪之后，托勒密完成了包括行星运动的宇宙的统一理论。托勒密是地心说的集大成者，所以现代人有时会对他持否定的态度。可是托勒密将古巴比伦与希腊天文学融合后构建出的宇宙图景，在几何学层面上雄伟壮丽，而且具有较高的预测能力。托勒密所著的《天文学大成》(*Almagest*)，在哥白尼的日心说登场之前的 1400 年的漫长岁月中，一直主宰着西方的宇宙图景。

　　天文学的发展历史告诉我们，科学领域的进步需要时间。为了理解天体的运动，古巴比伦持续了 700 年以上的天体观测记录不可或缺。为了探索自然界的客观真理，我们需要有长期的观察，以及有完成这一观察的耐力。

　　另外思想和环境的多样性也十分重要。古巴比伦天文学是由王权长期支撑的算术天文学，而希腊天文学是出自自由的市民的探索心的几何天文学。两者之间的融合促进了对宇宙更深层次的理解，也构筑出了预测能力更强的理论。

"12 世纪文艺复兴"引领了科学的复兴

　　古罗马时代继承了古希腊的文明，但是在基础科学方面并未取得独创性的进步。罗马人重视实践和实际利益，他们投入很大的力量，发明混凝土等工程学方面的技术，完善了以罗马法闻名于世的法律体系。随着罗马帝国的衰亡，古代的科学和哲学从欧洲世界消失了。亚历山大城的大图书馆中的藏书散失殆尽。幸运的是其中的一部分被翻译成阿拉伯语，收藏在阿巴斯王朝设立在巴格达的智慧宫中。有些文献留存在位于伊比利亚半岛，定都科尔多瓦的后伍麦叶王朝的宫廷图书馆中。

也许有人认为这些藏书再次被发现，焕发活力是在 15 世纪始于意大利的文艺复兴时期。其实在欧洲，科学的复兴开始得更早一些。

在西方史中一共有三个被称为"文艺复兴"的时代。

15 世纪至 16 世纪的意大利文艺复兴是这三个文艺复兴中的最后一个，它的特征是重新发现古代希腊和罗马的美术文艺作品中的古典美，进而孕育出超越这些作品的具有独创性的艺术。这帮助人们从基督教以神为中心的世界观中解放出来，开始了尊重个人的近代社会。可是从科学史的角度来看，这一段时期比较低调，像是一段为了培育其后始于 17 世纪的科学技术革命的蛰伏期。

在这三个文艺复兴中，最早的一个是 8 世纪到 9 世纪的加洛林文艺复兴。加洛林王朝的丕平三世的长子查理大帝统一了古罗马帝国后分崩离析的西欧大部，加冕成为"罗马人的皇帝"。帝国全境并没有一个统一的社会组织，所以只能由教会组织来代替行使这一职责。查理大帝认为有必要提升作为帝国精神支柱的基督教会的文化水平。查理大帝曾经说过："学习另一门语言是获得另一个灵魂。"可见他是一位视野广阔、具有国际精神的伟人。他请来了英格兰教士阿尔古因来宫廷，目的是复兴古典文化。在欧洲各地建设的修道院为教育制度的确立做出了很大贡献。查理大帝为了保护和继承古典文化付出的努力被称为加洛林文艺复兴。虽然它没有诞生出具有独创性的思想和艺术，但是它提升了欧洲的教育水平，奠定了日后发展的基础。

第一次文艺复兴，即加洛林文艺复兴的重点在教育，第三次文艺复兴，即意大利文艺复兴主要促进了艺术的发展。而"12 世纪文艺复兴"帮助古希腊科学重新焕发了活力。

收复失地运动◯是基督教国家从伊斯兰教势力手中夺取伊比利亚半岛的运动，从 11 世纪到 12 世纪，他们通过这一运动夺回了曾经是伊斯兰文化中心的托莱多和科尔多瓦。自此，长久以来被遗忘的希腊哲学与科学如洪水奔流般涌进了欧洲。

同时，作为东罗马帝国雇佣兵的诺曼人在意大利南部战胜了占领西西里岛的伊斯兰教徒，建立了西西里王国。伊斯兰文

◯ 收复失地运动（西班牙语 Reconquista），又称再征服运动，是从公元 718 年开始到公元 1492 年攻陷格拉纳达，历时 8 个世纪的西班牙人反对阿拉伯人占领的运动。这场运动的结果是西班牙实现统一，并为大航海时代揭开了序幕，就在收复失地运动结束的同一年，哥伦布在西班牙王室的赞助下到达了美洲。——译者注

化、东罗马帝国的拜占庭文化以及西欧的天主教文化在巴勒莫
开始融合。在巴勒莫，人们开始将收藏于君士坦丁堡的图书馆
中的古希腊文献的阿拉伯语译本翻译成拉丁语。

12 世纪的欧洲人被高度的伊斯兰文明所包围着，他们被
激发起了求知的好奇心，开始疯狂汲取这些文明的养分。19
世纪，在结束 300 年闭关锁国状态后，明治时期的日本人也在
迅猛地吸收西方文明，我觉得这两者之间有相通之处。这就是
科学史上极其重要的 12 世纪文艺复兴。

大学和大学教授也诞生于 12 世纪

12 世纪，欧洲诞生了高等教育体系，这是现代大学的雏形。

在这之前，欧洲的学问中心是教会以及修道院的附属学
校，即"经院"（Schola），在经院中，由神学家和哲学家所构
筑的学问形式被称为"经院哲学"。经院这个词起源于希腊语
中的"休息"（δχόλη），后来成为英语"school"的词源。这里
的"休息"是指在不受奴役的时间，进行没有实用价值的讨论
的场所，也表示进行不受限制的学术活动的地方。所谓学校，
就是能够自由地探索"无用"的学问的地方。

到了 12 世纪末，教育的内容发生了很大的变化。亚里士
多德的逻辑方面的著作汇编《工具论》被发现，这成为中世纪

欧洲的逻辑学基础。不论法学还是神学，任何的学问都不能缺少逻辑性的思考，所以亚里士多德的著作一经发现，就迅速成为各种学问的基础，被广泛教授。

10 世纪到 13 世纪全球气温上升，这就是中世纪温暖时期。这一气候变动给世界各地带来巨大影响，在中南美洲，这一气象变化成为古玛雅文明毁灭的原因之一；在中亚，这成为蒙古帝国急速扩大背后的原因；在欧洲，温暖的气候带来丰沛的降水，随着铁制农具的普及与三圃制⊖这种农耕技术的发展，粮食产能获得巨大提升。

不用从事农业生产的人口不断增加，罗马帝国灭亡后衰败的商业再次恢复生机，城市在欧洲各地不断出现。在法国巴黎，城市的自由氛围中，在教会的附属学校教课的教员结成组织来对抗当权者的介入。在这一组织中，形成了教员每次授课时都向学生收取报酬的体系，这也就是巴黎大学的雏形。与此同时，在意大利的博洛尼亚、英国的牛津等地也诞生了大学。大学的出现改革了欧洲的学术形态。此前，求知的活动仅限于教会内部进行，现在改为在大学这一开放的场所进行。"大学教授"资质也确立了起来。学生在文艺系修习博雅教育"七艺"之后，在神学、医学、法学这 3 个应用学科的专门系继续

⊖ 一种典型的欧洲农庄轮耕制度，封建领主将耕地划为条状，并大致分为春耕、秋耕、休闲三部分使用，相较于二圃制的一年一收，实现了一年两收，还保护了土地的肥力。——译者注

学习，积累知识，最终通过审查之后就可以拿到大学教授的资格。为了从学生手中收取学费，对教师的质量管理十分必要。当今在欧洲很多国家，要成为大学教授，在拿到博士学位以后还必须取得大学教授任职资质。

而这个大学教授的任职资质是各国通用的，在巴黎大学拿到任职资质，可以在博洛尼亚大学或牛津大学授课。因此，知识分子可以在国际上发挥作用，推进学问的标准化，并促进了学术交流。

托马斯·阿奎那出现在此后的 13 世纪，他从那不勒斯大学毕业后，在巴黎大学就任了由多明我会设立的教授职位，因为这个教授职位是从教会获取报酬的，所以他不用担心学生的学费，能够潜心研究学问。其后阿奎那又被招聘到那不勒斯，然后来到罗马，他在担任罗马教廷神学顾问的同时，还在多明我会设立的学校中担任兼任教授。后来他又回到巴黎大学，专心从事他的主要著作《神学大全》的撰写。到了晚年，阿奎那为了设立多明我会的神学大学前往那不勒斯，致力于思想的集大成工作。在现代社会中，像阿奎那这样的国际化知识分子已是司空见惯，这样的知识分子最初诞生于 12 世纪的大学中。

当时，拉丁语是国际化的知识分子之间通用的语言，这一传统依然被欧美的教育所继承着。我的女儿在初中的时候所选的第二外语就是拉丁语，到了高中时期，她已经可以阅读拉丁语原文的罗马共和国晚期的西塞罗所著的《反喀提林演讲》，对此我十分羡慕。

拉丁区（Quartier latin）横跨巴黎的第五区和第六区，这个地名在日本也广为人知，意思是讲拉丁语的地区。这里因中世纪时的巴黎大学的学者之间用拉丁语进行对话而得名。巴黎市民在提到拉丁区这个名字时，也一定能意识到这一地区作为西欧的知识网络的连接点，从 12 世纪连绵至今的文化传统。

基督教的世界观受到的冲击

自 12 世纪起以大学为中心蓬勃复兴的欧洲学术，进入 13 世纪后遇到了很大的危机。这场危机源于发现了亚里士多德《工具论》之外还存在的庞大著作群，这给当时的知识分子造成很大的冲击。

亚里士多德的学问的对象范围十分广阔，不仅有逻辑学，还包括形而上学、自然哲学、政治、伦理、心理学，甚至还包括文学和戏剧。可是其中有一些和当时支配中世纪欧洲的基督教性质的世界观不相容的地方。形而上学和自然哲学揭示了基于理性和逻辑的世界观，这与基督教的思考方式截然相反。

可是亚里士多德的逻辑学自 12 世纪起成为欧洲高等教育的中心，不能因为与基督教的世界观相左就完全否定或者无视他的其他著作。如果否定亚里士多德，也就是从根本上颠覆了从 12 世纪开始构筑起来的教育和学术的成果。

对基督教徒来说，亚里士多德的庞大的著作群中所揭示的宇宙图景像异教徒的学说一样，令人难以接受。可是亚里士多德的学说条理清晰，极富说服力。当时的情景，仿佛古希腊的哲学家跨越了 1600 年的岁月，向中世纪的欧洲知识分子下了一份战书。

古代希腊人重视理性。亚里士多德在《政治学》[74] 一书中强调："在动物当中惟独人有逻各斯（语言、理性）。"而在《圣经·旧约》中，亚当和夏娃因为吃了智慧果实而被逐出伊甸园。这表明了基督教认为拥有智慧是人类的原罪。在《圣经·新约》中，法利赛人因求神迹而遭到了谴责，认为他们"弃绝独一的真神"。

我在美国的生活中，能感觉到现在基督教依然有这种反智主义的一面。特别是基督教原教旨主义者中，有不少人对理性思考方式有天生的反感。不论报纸社论提出了多么具有逻辑性的主张，这些人也完全不会倾听这样的声音。他们反对的并不是这些讨论的内容，而是对受过高等教育的人的"故作聪明"抱有本能的反感。

当今社会尚有这种情况存在，可以想见亚里士多德的世界观给 13 世纪被基督教所支配的欧洲民众带来了多么大的冲击。山本义隆所著的《磁力与引力的发现》描述了从古希腊的哲学到近代科学的历史，书中对于当时的情景是这样描述的：

"亚里士多德揭示了自然是可以通过理性的、合理的论证来探索的对象。"

"通过提供统一的把握事实的概念装置和理论方式，形成了探索自然的原理，由此就改变了与自然相对的态度以及看待自然的眼光。"

托马斯·阿奎那让理性与基督教并存

亚里士多德的大批著作被发现，给 13 世纪的基督教带来了深刻的危机。在解决这一问题上发挥了巨大作用的是托马斯·阿奎那，他曾在前面的章节中出现过。13 世纪时，在日本也出现了亲鸾、日莲、道元等宗教领域的天才人物。同一时期在欧洲，阿奎那给基督教带来了巨大的变革。

阿奎那是巴黎大学神学部的教授，他致力于让亚里士多德的基于理性基础的合理性的世界观与基督教中富有神秘主义色彩的启示并存。在此之前，基督教只追求对神的神秘性进行盲目的信仰。可是阿奎那认为，这种宗教的神秘性在经过理性理解后更能在人的心中扎根，而这才是合乎神谕的。

当然，宗教方面的神秘性中有些内容既不能通过理性去证明，也不能通过理性去反驳，并非所有内容都能赋予逻辑性的解释，所以阿奎那的解决方法还是有其局限性。可是阿奎那成功地在基督教的世界中肯定了亚里士多德的理性的作用。通过尊重逻辑、缜密地使用概念、明确对立的想法之中的矛盾这些做法，人们能够接近更加深邃的真理。在肯定理性的作用下，这种想法成为经院哲学的主流。在《磁力与引力的发现》一书中，作者是这样描述阿奎那的功绩的：

"由自然的理性而认识到的哲学的真理，在其范围内与信仰并不矛盾，是可以被信仰和谐包容在内的。阿奎那的这一权威认定，就其结果来说，保证了理性能够自律地活动的领域。"

"这在事实上许可了人们脱离神学动机，对自然本身进行合理的研究。"

基督教会将亚里士多德的学说视为异端。可是经过 12 世纪文艺复兴，广大教师和学生接触到了古代希腊、罗马的杰出文化，被点燃了求知欲，不能强行压制他们的这种渴望。受阿奎那的影响，13 世纪时基督教终于允许研究亚里士多德的自然哲学与形而上学。这与基督教中原有的大一统的思想结合在一起，构筑了基于亚里士多德体系的统一的世界观、宇宙观。对基督教来说，这成了正统的思想。

被认定为基督教正统思想的亚里士多德的自然哲学，在 14 世纪以后又变成了新科学要打倒的对象。布鲁诺因宣称地球绕着太阳旋转被教会视为异端，处以火刑。提倡日心说的伽利略也被宗教法庭判定有罪。尽管有这些迂回曲折，但我们对自然的理解不断深入，这是因为阿奎那认定了人类理性的价值，而这也是科学得以发展的重要基础。

大学的死亡与重生

欧洲的大学诞生于 12 世纪，在 14 世纪基本成型，可是在其后的几个世纪中，欧洲的大学丧失了作为学术性创造的核心的地位，主要原因之一是在 15 世纪，约翰·古登堡发明了活字印刷术。

在现代社会，随着社交网络的兴起，电视、报纸、书籍、杂志等传统媒体逐渐丧失了固有的影响力。与这一情况类似，15 世纪印刷媒介的登场给大学带来了很大的冲击。古登堡的活字印刷术发明之前，大学是欧洲唯一的学术网络。可是随着大量的书籍被印刷出来，另一个学术网络产生了。为此，即便不在大学里也可以创造知识、传承知识。其实活跃在这一时代的笛卡尔、帕斯卡、莱布尼茨等人都不是大学教授。经过这一变化后，大学变成了只是为贵族子弟开设的教育机构，而学术创造的任务转移到了由各地豪强和开明君主设立的"学院"

中。我在这里借用吉见俊哉在《大学是什么》[75] 一书的表达——欧洲大学一度死亡。

而大学在 19 世纪又获得重生，这一契机便是普鲁士王国在军事上惨败于拿破仑的军队。帮助法国获胜的不仅仅是拿破仑高超的军事手段。法国大革命之后，为了重建国家，法国进行了高等教育领域的建设。他们认为，现有的以博雅教育为目的的大学无法培养出具有高度的专业知识和技术的人才，为了培养肩负国家重任的精英阶层，他们设立了大学校⊖。

普鲁士王国在战争中败给拿破仑，丧失了将近一半的领土和人口。普鲁士王国的官僚认为法国通过建设大学校提升了国力，他们对本国的高等教育形式感到了危机，于是他们将目光投向了威廉·冯·洪堡所提倡的大学改革。

洪堡认为大学的目的不仅仅是培养被灌输了知识的国家的仆从，大学不仅要教授知识，还要培养具备探索新知识的基本技能的具有主动性的人才。这一将教育和研究有机结合起来的现代大学的愿景被称为洪堡理念。

普鲁士王国进行了基于洪堡理念的大学改革，在原有的以教育为中心的大学中设置了实验室，引入了讨论班制度，让学

⊖ 大学校（Grandes Écoles）是法国对通过具有选拔性质的入学考试来录取学生的国立高等院校的总称，旨在培养工程技术、农业、教育、商业、经济、管理等领域的各类高级专门人才。——译者注

生也能够参加研究活动。大学不仅是学习已有知识的地方，也是产出新知识的场所，这让大学获得了重生。

基于洪堡理念的德国大学吸引了世界各地的留学生，这一大学模式席卷了欧美的高等教育。德国的大学制度凌驾于法国的大学校之上，成为国际标准，这也帮助德国在 19 世纪后半期到 20 世纪初获得成功。原本以为已经结束了历史使命的大学，就这样再次复活了。

工学院的诞生与大学使命的变化

19 世纪还发生了一个变化，给大学的作用和性质带来很大影响，这就是工学院的诞生。

中世纪的大学由教授博雅艺术的艺术系和教授实用知识的医学部、神学部、法学部构成。这样的大学并不是培养技术人员的地方，在工业革命前，生产活动中的技术通过学徒制度传承下来。

工业革命后，科学与技术的关系也发生了显著变化，最新的物理学、化学等自然科学知识和数学方法明显地起到了重要作用。想要建造高效能的蒸汽机，需要掌握物理学方面的知识。

最新的科学成果被应用到生产技术中，对技术人员提出了掌握高度的科学、数学知识的要求，因此大学中开始设立工科院系。

欧美各国终于认识到：出自工学院的最新技术，以及在工学院接受高等教育的技术人员对于创造财富、增强军事实力非常重要。因此，政府积极地给需要大型实验设施的大学提供资金。这给大学在社会中的作用带来了变化。此前，在欧洲的学术网络中大学作为独立于国家的组织，以自由地探索知识为目的。可是接受了国家提供的资金，就要付出相应的代价，大学需要拿出对国家有用的成果。

同一时期，日本在明治维新后从欧美国家引入了大学制度。1886 年帝国大学成立，合并了之前隶属于工部省的工部大学校，将其变成直属的工学院。欧美当时也出现了培养技术人员的高等专门学校。据村上阳一郎所著的《工学的历史与技术的伦理》[76] 一书中所述，世界上首个在综合大学开设工学院的大学是日本的帝国大学。第二次工业革命后日本引入了大学制度，创造财富和增强军事力量一开始就被认定为大学的目的之一。

目的合理性与价值合理性

在前六节内容中我们回顾了大学发展的历史。在加洛林文艺复兴时期，修道院的附属学校开始进行拉丁语教育，12 世纪后由大学来承担这一职责，同时诞生了具有国际化知识分子属性的大学教授这一职业。13 世纪，在托马斯·阿奎那的努力下，占据统治地位的基督教也允许以理性的力量去探索自然。基于洪堡理念，大学的使命被确定为培养具备探索新知识的基本技能、具有主动性的人才。随着 19 世纪后半期工学院的诞生，大学从国家获得资金援助，作为代价，大学需要培养对社会有用的人才，积极发展理科方面的实用学科。

如果长期身处欧洲大学，会切身感受到 12 世纪时出现的大学与当代大学之间交织连绵的关系。大学是自由地研究学术的地方，对真理的探索本身就有价值，这一点已经成为欧洲知识阶层的共识。

大学一路走来，发展到了今天。那么 21 世纪的大学应该是什么样的呢？在思考现代大学的教育和研究的意义时，有一些可以参考的概念。这就是由 19 世纪末到 20 世纪初活跃在学界的社会学家马克斯·韦伯提出的目的合理性行为和价值合理性行为。韦伯在《社会学的基本概念》[77] 一书中将社会中的人的行为分为 4 种类型。有以感情为动机的"感情型行为"和出于习惯的"传统型行为"，此外还有两种出于合理性判断而进行的行为，即目的合理性行为和价值合理性行为。

"目的合理性行为"是为了最有效率地达成既定目标而进行合理性选择的行为。例如要短时间内从东京到洛杉矶，为了达到这个目的，发明飞机就是目的合理性行为。而为了让飞机搭载更多的乘客，改良航空公司的预约系统，也是目的合理性行为。

与此相对，"价值合理性行为"是为了行为本身的价值而进行的行为。研究物理学就是价值合理性行为。物理学家认为发现自然界的基本原理以及运用这一原理去解释自然现象这种行为本身就是有价值的，所以不断进行研究。

如果把大学里的研究看作韦伯所说的社会性的行为，那么我们可以做这样的分类：工学院的研究活动是目的合理性行为，理学部和人文院系的研究活动大多属于价值合理性行为。在人文学的院系中偏重实用学科的法学部、经济学部、教育学部等进行的研究活动中有一些属于目的合理性行为。

我所进行的粒子理论方面的研究可谓价值合理性行为的顶峰了。

我女儿想学习能直接为社会做贡献的科学知识，这也许是对于我所做的研究的一种逆反心理吧。为此，她去了康奈尔大学的工学院学习信息科学和运筹学。2020 年 3 月，因为新冠疫情在全世界蔓延，康奈尔大学紧急让住在宿舍的学生回到自己家中。当时我女儿担任大学的创业俱乐部的 CTO（首席技术官）。他们接下了来自大学本部的订单，把数千名学生的行李运送回家。因为学校是临时决定关闭学生宿舍，准备时间只有几天，所以校方为这个订单开出了 5000 万日元的高价。我女儿用了在运筹学课上刚学到的算法方面的知识，通过临时网页从学生那里收集信息，还编写了程序来管理集中行李、配送等事宜。在本书第 1 章的"战争的纠葛——戴森的《宇宙波澜》"这一节中也写过运筹学（战术研究）始于战争时期，旨在解决如何将军需物品运送给前线部队等问题。在解决把学生的行李从宿舍运送到家的这一问题时，这些知识也派上了用场。我女儿确认了集中、发送行李的整套体系运转正常后，也收拾好行李回到了家中。我很佩服女儿能将课上学到的东西活学活用，这就是一个典型的目的合理性行为的例子。

工学院所进行的很多目的合理性的研究只能在大学里进行。在本书的前言部分，我曾提到过我在参加紫绶褒章授予仪式前拜读了其他受勋人士的著作。当时我读过的书中有一本是桥本和仁所著的《耕地能变成电池吗》[78]。在这本书中写着这样一件往事：桥本从事的是光触媒方面的研究，用太阳光来分解水，制造氧气和氢气，即人工光合作用。如果这项研究获得成功，能够解决能源问题。可是实际上用这一方法制造能源的能耗非常高，并不实用。桥本看到自己努力研究的成果不能实用化，便感到十分沮丧。

可是一次偶然的机会，桥本发现了这一研究的其他用途。

因为这个光触媒成分能够分解有机物，所以可以将它做成涂层，用来分解污垢，使微生物丧失活性，由此研发出具有抗菌抗污效果的产品。这是一个将失败转为成功的卓越发明。而这个故事只能发生在大学里，因为只有在这里，才能自由地选择研究对象。

像工学院这种具有目的合理性特点的教育和研究机构，因为研究目标清晰，容易判断研究的预期贡献，所以在大学的众多研究中，工学院的研究容易从社会上得到资助。可是正因为社会资源会集中在工学院的研究中，有时反而会带来很大的损失。

我首先想指出的是，研究的目标及这一目标预期的作用会随着时间发生变化。前文中对于目的合理性行为，我举了为了能够短时间从东京移动到洛杉矶而发明飞机，为了让更多的人搭乘飞机还改良了预约系统这个例子。可是在新冠疫情不断蔓延的背景下，将短时间、多人数的移动作为目的，并将其最优化的航空公司受到了很大的冲击。一旦大家不再追求快捷，转而追求更安全的出行方式时，行为的目的就彻底改变了。

以高效达成既定目标为主旨的目的合理性行为，在短时间内可以创造出很大的利润。可是一旦价值的基准发生转变，它也就不再发挥作用了。为了应对这一情况，我们需要批判性地

审视既定目标，创造新的价值。正因为如此，欧洲大学从 12
世纪起，就不断探索具有普遍性的价值，历经几百年依然在社
会上保有独立的地位。

收获唾手可得的果实

本书第 2 章曾经提过，如果只进行成果可期的研究，就
很难有重大发现。与以投资组合方式投资股票一样，我们在选
择研究课题时，也需要将成果可期的项目和有风险并收益巨大
的项目组合起来，这样我们才能集中精力研究困难重重的重要
课题。

对科学研究整体的投资也要像我们进行其他研究时所秉承
的研究策略一样，采取广义上的投资组合思路。

英语有 "low hanging fruit"（触手可及的果实）的说法，意
思是说如果森林中有一棵树上结满了果实，最先发现这棵树的
人会轻而易举地摘走那些靠近地面的树枝上的果实，落后一步
的人只能搭着梯子，辛苦地去摘更高树枝上的残存果实，往往
所获无多。这里我们把投资的回报比喻成树上的果实。

那么在投资研究领域时，如何才能尽快发现唾手可得的果
实呢？我们并不能够预测哪里会出现能带来巨大回报的果树，
所以必须以投资组合的思路广撒网。正因为如此，选择与集中

（Selection and Concentration）战略在基础科学领域发挥不了什么作用。如果用日本特有的繁冗的程序"选择"出了某些发展迅猛的领域，并为此"集中"资源，此时那些唾手可得的果实早都被摘光了。

山口荣一在《为何创新中断了》[79] 一书中指出，为了从基础到应用的研究，创造出富有价值的知识，并且让这些成果在社会中发挥效用，需要以下三者紧密合作：

1. 基础科学领域的研究者；
2. 从这一研究中找出社会、经济方面价值的创新者；
3. 对这些研究和创新进行支持的管理者。

他们进行的都是创造性的工作，需要对科学的前沿领域有深厚的知识和深入的了解。山口在书中指出，美国联邦政府的相关部门要求承担上述第三项职责的科学行政长官"拥有博士学位，撰写过学术论文，担任过讲师副教授以上的教职"。

在本书第 1 章出现过的理研的理事长大河内正敏，出色地履行了第 3 项职责。他既重视发现真理，也重视创造经济价值。不仅支持了朝永振一郎获得诺贝尔物理学奖的基础研究，还成功地制造并销售了维生素、预制酒、干燥裙带菜等产品。大河内在担任理研理事长之前曾任东京帝国大学的教授。他有工学博士学位，在物理学、化学方面有很深的造诣，曾经和物理学家寺田寅彦共同进行过子弹在空中运动轨迹方面的流体力学研究。我在第 2 章提到过获得博士学位的主要条件是"通过自己的研究拓展了人类的知识，在推动科学进步的方面做出了有价值的贡献"。正因为大河内拥有这样的经验，所以他能够成功地开展从无到有的这种创造性的工作。

在现代大学中，不论是在短期内能为社会做出贡献的工学部的目的合理性行为，还是探索新价值的理学部、文学部的价值合理性行为，在基于投资组合思路的发展路径中都有各自重要的作用。

无用知识的用处

有些研究似乎毫无用处，只是为满足好奇心而进行，可是从长远来看，却为社会做出了很大的贡献。为什么这样的例子俯拾即是呢？

在思考这个问题时，可以参考高等研究院的首任院长弗莱克斯纳发表于 1939 年的《无用知识的用处》一文。我在本书第 2 章中"是激烈的竞争之地还是自由的乐园"一节中曾提到过这篇文章。为什么说无用的知识是有用的？对于这个看上去自相矛盾的题目，弗莱克斯纳是这样解释的：

"纵观整个科学史，绝大多数最终被证明对人类有益的真正伟大发现都源于这样一类科学家：他们不被追求实用的欲望所驱动，满足自己的好奇心是他们唯一的渴望。"

"从这些无用的科学活动中，我们获得了许多发现，它们意义之重大，远远胜过那些以有用为目的达成的成就。"

本书第 1 章的"科学领域的研究无关善恶"一节曾经谈到过在基础科学领域，往往不能立刻知道某个发现具备怎样的实用性。基础科学的研究是被求知的好奇心所驱动的，不是为了达成某个预定目标而进行的研究。弗莱克斯纳认为基础科学的研究"意义重大，远远胜过以有用为目的达成的成就"。

弗莱克斯纳认为"被求知的好奇心所驱动的研究最有用"，他举了一个例子来论证这一点。弗莱克斯纳与乔治·伊士曼曾有过一次谈话。伊士曼发明了相机胶卷，创立了制造影像产品的伊士曼柯达公司。他一生独身，为大学等机构提供了相当于现在货币价值约 2000 亿日元的捐赠，是当时最大的慈善家。

伊士曼曾说要捐献大笔财产用于推动有用学科的教学。于是弗莱克斯纳想说服他，力证在高等研究院进行的、为满足好奇心而展开的研究才是最有用的。弗莱克斯纳问伊士曼："在你心目中，谁是这世界上最有用的科学工作者？"伊士曼不假思索地回答说："马可尼。"伽利尔摩·马可尼是发明家，20世纪初，他发射的无线电信息成功地跨越大西洋。当时无线电广播出现不久，伊士曼对马可尼的发明及这一发明带来的社会变化感激不尽。

但弗莱克斯纳却说："无论无线电和广播为人类生活带来了什么，马可尼的贡献都是几乎可以忽略不计的。"并且指出真正的幕后英雄当属詹姆斯·克拉克·麦克斯韦。这样的回答让伊士曼吃了一惊，弗莱克斯纳进一步解释了原因。

19世纪前半期，迈克尔·法拉第研究发现以往被认为毫无关联的电和磁之间有关系。移动磁石会有电流通过，反之也可以用电流来诱导磁。麦克斯韦深入思考了电与磁之间的现象，发现这些现象都能用一组方程来说明。

根据麦克斯韦的方程式可知，当电场发生变化时会产生磁场，而磁场发生变化时也会引发电场。麦克斯韦由此预言了新的现象：电场会诱发磁场，而磁场变化后又产生电场……如此相互交织，以波的形式向外传播。电场和磁场相互叠加前进。这就是麦克斯韦所预言的"电磁波"。

麦克斯韦的预言后来被海因里希·赫兹所验证。当时还是大学生的马可尼读了赫兹的论文后对电磁波产生了兴趣，将它应用到了通信领域中。

弗莱克斯纳对伊士曼说："马可尼这样的人总会出现的""从法律角度上说，马可尼无疑是无线电的发明者……可是他不过是发明了一些后期的技术细节""赫兹和麦克斯韦他们无用的理论工作，被某个聪明的技术人员加以利用……就能名声大噪，还挣了个盆满钵满。"

我认为弗莱克斯纳对马可尼的评价过于严苛了。正如我在前文中所写，从那些并不知道是否有用的科学发现中找到社会和经济方面的价值，并将其实用化，这本身也是一种创造性的工作。电磁波由麦克斯韦预言，又被赫兹发现。马可尼发现电磁波能应用在通信方面，并将它变为现实，他的工作也很重要。

可是如果没有麦克斯韦，马可尼的发明也就无从谈起。中国有个成语叫"饮水思源"，意思是当你在喝水的时候，不要忘了挖井的那个人。我们用手机的时候要记住，这位挖井人既不是马可尼，也不是史蒂夫·乔布斯，而是麦克斯韦。

麦克斯韦方程的应用不局限于电磁波。电和磁几乎与我们身边所有的自然现象都密切相关，所以与电和磁相关的技术必然会用到麦克斯韦方程。支撑我们生活的电子技术，全部建立在这个方程组的基础上。在麦克斯韦方程和量子力学的引领下，许多在我们生活中有用的新物质也逐一被发现。

可是麦克斯韦并非是以这些应用为目标进行研究活动的。事实上，我们身边很多关于电磁理论的应用，在麦克斯韦的时代是根本无法想象的。他只是基于自己不断探索的心志，为了对电和磁的现象进行统一说明，列出了这个方程组。对麦克斯韦来说方程组本身就有价值，他的这一发现是价值合理性行为。

这样的例子不胜枚举。大家在亚马逊购物网站上购物时，会通过互联网传递信用卡的信息。如果这个信息被盗用会带来很严重的后果，所以这个信息是被加密的，而这个密钥使用了把自然数分解为质数的质因数分解理论。

早在公元前，人们就对质数的性质十分关注。古埃及的纸莎草纸上就有关于质数的记载。公元前三世纪欧几里得编写的《几何原本》中将质数作为数字的根本进行了详细的论述。互联网通信的密钥中使用的是基于17世纪的数学家皮埃尔·德·费马的费马小定理来判断质数的方法。如果对这方面感兴趣，可以参考拙著《用数学的语言看世界》。我在该书第4章"不可思议的质数"中做了相关讲解。不论是欧几里得还是费马，他们在理解质数性质这一研究中发现了价值，并对此不断探索，发现了各种定理。因为那个时代没有互联网，所以肯定也想象不到这些研究成果能够应用到密钥领域。

我发现最近日本有一种风潮，就是鼓励小聪明类型的创新活动。我们日常身边的各种事物，基本上都是运用科学的成果进行研发或改良而成的，想要追求更大的进步，应该推行涵盖基础科学到应用科学广泛领域的基于投资组合思路的发展策略。为了不让创新精神枯萎，进行着"无用的研究"的大学和研究所起着很重要的作用。

那么，为什么从长远眼光来看，从价值合理性行为中诞生研究成果是有用的呢？

有价值的研究出自探索之心

让－卢·沙梅欧（Jean-Lou Chameau）到 2013 年为止在我执教的加州理工学院担任校长。他曾在演讲时说：

> "我们无法预测科学研究能带来什么成果，我们可以确定的是真正的创新只出现在人们以自由的心灵，全神贯注追求梦想的环境中。"

> "我们要支持那些对无用的知识的探索和好奇心，这是国之根本利益所在，我们必须守护、培育这种探索和好奇心。"

我听到这个演讲后十分吃惊。沙梅欧校长的专业是土木工程学，主要进行架桥、挖隧道等即刻能对社会有所贡献的研究。可是他也认为对无用的知识的探索和好奇心是非常重要的，而且这符合国家利益。

基础科学领域的发现能对社会有所贡献，这是毋庸置疑的。经过工业革命，自然科学的知识和数学的方法在技术的发展方面以可见的形式做出了很大的贡献。基础科学探索自然界的构造的基础部分，所以是各种技术的源头。在基础科学的研究成果在诞生之初，人们往往并不清楚它们能派上什么样的用场，相反，它的益处也不受价值基准变化的影响。例如麦克斯韦的电磁理论在通信领域的应用、费马小定理在网络密钥上的应用等，基础科学的发现会以意想不到的形式为社会做出贡献，基础科学是为了追求发现本身的价值而进行的研究。

可是并非所有的基础科学研究都能对社会有所贡献。有很多论文无人理睬，埋在故纸堆中。而与之相对的是，有些论文有极大的影响力，催生出新的学术领域，在我们的生活中起到很大作用，甚至引发社会变革。这两者之间的差别到底来自何处？

沙梅欧认为，为了实现"真正的创新"，需要能以自由的心灵全神贯注追求梦想的环境。弗莱克斯纳也在《无用知识的用处》一文中指出："精神和理智的自由是最重要的。"这些都说明，只有科学家出于求知的好奇心而进行的自由的研究从长远来看才是真正有用的。

科学家在自身价值观的引领下进行的研究，为什么会有用呢？我曾在本书第 1 章的"什么决定了研究的价值"一节中介绍过彭加勒的《科学与方法》。书中写道，和众多的科学的发展有联系的、具有较高普遍性的发现更有价值。

彭加勒是一位研究理论数学的学者，他在此处指的是作为基础科学的价值。在基础科学领域，有价值的发现可以用来解释广泛的自然现象，与诸多学科的发展息息相关。在这一趋势的基础部分，自然也包含着对社会有用的技术方面的应用。因此，只有被基础科学者认定为有价值的发现，才是从长远看能做出重大贡献的研究。

为了能够甄别出有价值的科学研究方向，最重要的是科学家经过磨砺的探索之心。19 世纪德国出现了一位能与亚里士多德、牛顿比肩的学者，他就是人类史上最著名的数学家之一，卡尔·弗里德里希·高斯。F. 克莱因在《数学在 19 世纪的发展》[80] 一书中这样描述高斯在青年时代的研究：

> "早期的智力游戏都是高斯出于兴趣想出的，所有这些智力游戏都为日后的宏伟目标提前布局。他在早期的随意所为只是为了试试自己的能力，即便他没有认识到其中的深刻含义，也依旧将锄头精准地落在金矿脉上。我们只能称之为天才的预测能力。"

　　数学家森重文以在代数几何学这一理论数学领域的研究获得了菲尔兹奖，曾担任国际数学联盟总裁。他对"数学有用吗？"这一问题的回答是："可能谈不上立刻派上用场，但是50年或100年后，一定是有用的。为此，今天的数学家对学术研究的求知欲是显示研究方向的最好的罗盘。"（日本数学学会《数学通信》2010年第4号）

　　为了实现具有较高价值的发现，研究者必须具备极高的求知欲。基于这一认识，我们就很清楚该如何对基础研究进行资助了。最近的研究者大多通过竞争来分配研究经费，所以他们整天忙于申请各种项目，导致用来研究的时间不断减少。诚然有限的研究资金理应优先分配给最有希望的研究项目，可是以工科为代表的目的合理性行为和以理科为代表的价值合理性行为分属不同领域，在分配研究资金时，对两者的评价方式应该有所区分。

　　像工科这种具有目的合理性特征的研究，理应审查这一研究能做出什么贡献，是否有望达成预定目标。

　　可是基础科学的研究具有价值合理性的特征，正如汤川秀树所言，像是一场没有地图的旅行。因此仅仅以研究的目的及其实现的可能性作为评价基准，未必是最佳的方式。不如考察研究者本人有多高的求知欲，是否有能力完成由求知欲所引导的研究工作，因为这些左右着研究成果的价值。

为此，欧美有很多"把钱投给研究者"的研究资助制度。这种制度不是对研究者提出的研究计划进行审核，而是对研究者的求知欲和研究能力进行投资。我本人也曾担任过詹姆斯·西蒙斯基金会为振兴数理科学所设立的高级研究员一职，在 10 年中获得了 1 亿日元以上的研究经费。

在日本，二战前的理研也践行了这一理念，获得了卓越的成果。本书第 1 章 "在'自由乐园'中度过的闪亮的日子"一节中曾介绍过朝永振一郎的随笔 "吾师·吾友"，这里再次引用文中的语句。

> "研究员自主选择研究课题和方法，即便所从事的研究派不上用场，研究员也不会被指责。"

> "对于研究来说，首要的、无可替代的条件是人。应该无条件地信任这个人的良心，让研究者自由、自主地展开研究工作。优秀的研究者……应该能够自主判断出什么是重要的。"

由求知欲的罗盘所引领的价值合理性行为，将人类从迷信和偏见中解放出来，加深了我们对这个世界的了解，丰富了我们的心灵。从长远来看，它一定会以某种形式的应用对社会有所贡献。从事基础科学研究何其有幸。

我在本书第 1 章曾谈到，"意识根本的功能就是更深刻、更准确地理解事物"。基础科学给了我们充分发挥这一功能的环境。第 2 章中曾引用过的佐藤干夫的话，"你应该在思考数学时不知不觉入睡，早晨一睁开眼就在数学的世界里"。正如这句话所表达的，我们应让自己的求知欲沉淀下来，甄别它所指示的方向，集中精力攻克难关。另外，在佛教学者佐佐木闲和我共同撰写的《真理的探索》一书中也提到，"要想追求宇宙的真理，就需要长时间地保持精神高度集中的状态，因此便放弃了其他的工作，在研究的世界中度过一生。这简直是一种出家式的生活方式"。

作为"出家人"的科学家，是肩负着责任的。释迦牟尼圆寂后，他的弟子将他的教诲编纂为佛教圣典《三藏》。其中的《律藏》规定了佛教僧侣的戒律，即行为规范。佐佐木专攻戒律的研究，他说《律藏》的目的是，"身为佛教僧侣，也不可能断绝与社会的一切联系独自生存，想要得到社会的援助，就必须严以律己地生活"。（《日本经济新闻》2020 年 11 月 13 日晚刊）身为科学家应该有这样一种自觉意识：我们出于满足自己的好奇心这一个人目的，在整个社会的恩赐扶持下，得以专心进行那些也许无用的研究工作。

我所在的加州理工学院是私立大学，时常需要向基金会和慈善家解释基础研究的意义。常有人问我："我理解这项研究

能让我们的精神世界更加丰富，可是我想知道这项研究能够如
何改善人们的生活？"在我看来，提问者是在善意地提醒我，
如果将介绍的重点放在"如何改善人们的生活"这一问题上，
更容易获得更广泛的资金支持。这种时候我不会冷淡地回答
说，"我是在好奇心的引领下进行研究的"，而是会真诚地理解
提问者的意图，耐心细致地讲解基础科学的价值和社会意义。
以"基础科学对社会的意义"这一章结束本书，也是出于这样
的考虑。

　　我何其有幸，从那个在旋转餐厅测量地球的小学生到今
天，一路走来，我一直都很珍视把握住真理的真真实实的成就
感。真心热爱研究并乐在其中，这是让科学知识这一人类共同
财富不断发展的原动力，而这些工作终将有一日会对社会做出
贡献。今后我将一如既往地从基础科学这一职业中体会真正的
乐趣，永不终止对自然界的基本法则和宇宙真理的探索之旅。

后　　记

　　古希腊哲学家亚里士多德的著作《形而上学》[81]全 14 卷的开篇写道：

　　"求知是人的本性。"

　　亚里士多德认为求知是人类固有的机能，让这一机能开花结果就能够获得幸福。1600 年后的欧洲中世纪时代，托马斯·阿奎那吸收了亚里士多德的哲学，重新构建了基督教的神学。阿奎那在大学的讨论被结集成书，共有 7 卷。其中《论真理》[82]一书指出"人的终极目标"是"灵魂被刻印上宇宙及其诸原因的全部秩序"。在距阿奎那时代 800 年后的今天，基础科学承担了大部分解释"宇宙及其诸原因的全部秩序"的工作。

　　阿奎那所属的多明我会，是当时刚刚创立的托钵修会。此前的修道会在农村拥有广大的领地，修士们在远离世俗的静谧的环境中祈祷与劳动。以多明我会与方济各会为开端的托钵修会，致力于在当时的新兴城市中布道。它们从被布道感召的人们那里获得施舍，在清贫的生活中探索神的真理。本书在开篇部分引用了阿奎那《神学大全》[83] 中的语句：

> "比起发光，照耀的成就更大；比起冥想，将冥想的果实授予众人的成就更大。"

这句话反映了多明我会的使命，即回应大众的希望和痛苦，积极布道。

科学家接受社会的援助和支持，探索宇宙的真理，在现代社会传承了基督教修道士、佛教僧侣的传统。因此，我在进行理论物理学研究的同时，也致力于面向社会的各项外展活动（outreach）。迄今为止，我在幻冬社已经出版了 4 本书，分别是《引力是什么》《强力和弱力》《用数学的语言看世界》《真理的探索》。继前 4 本书，此次仍由幻冬社新书总编小木田顺子担任责任编辑，同时冈田仁志也在编辑工作中给予了诸多协助。

在东京大学科维理数学物理学联合宇宙研究机构讲授科学技术社会论的横山广美对本书提出了中肯的建议，提供了关于科学的价值中立性以及工学历史等相关的资料。花园大学文学部佛教学科教授佐佐木闲指点了律藏的文言解释以及文献出处。而本书内容方面由我本人担负全部责任。

在前言部分我也提到过，我于2019年年底被诊断出前列腺癌。几周后我由南加州大学医院前沿机器人医疗中心主任米歇尔·德萨尔医生主刀，进行了手术。所幸癌症局限于原发病灶，手术非常成功。手术后第二天我就回家休养，第三天就已经能够远程进行东京大学科维理数学物理学联合宇宙研究机构主任的各项日常工作了。手术后经过各种精密检查，确认癌细胞没有转移。

为我主刀的德萨尔医生、圣玛丽安娜医科大学的砂川优医生、南加州大学医院的斋藤刚医生、希望之城癌症诊疗中心的克莱顿·刘医生亲切耐心地回答了我的相关咨询。在各位医生的照料下，我预后良好，一如既往地投入研究、教育以及研究所的各项管理运营工作中。

我们科学家能够专心探索真理，要感谢社会认可研究活动的意义，并且对此给予支持。今后我也将努力做出不辜负这些支持的研究成果，并且将我的研究成果广泛地介绍给社会大众。在这里我要感谢我的父母，赋予我生命，培养我长大；感谢我的老师，带我走进学术的世界；感谢我的友人，和我一起学习成长；感谢我的家人，给我的心灵最有力的支撑。

本书曾写到，我上小学时就"放牧"于自由书房，直到今

天，我的知识大多来自书店里的众多书籍。我们常说随着社交
网络的发展，传统媒体不断衰落。可正因为如此，传递值得信
赖的信息尤显重要。我要特别感谢全日本出版行业的相关人士
和书店的各位朋友，你们守护并传承着人类历经数千年构筑起
的知识，支持着知识的向前发展。我将此书献给你们。

大栗博司

2021 年 2 月

参考文献

＊1─グレゴリー・ザッカーマン、水谷淳訳『最も賢い億万長者』上下巻（ダイヤモンド社 二〇二〇）〔この訳書ではサイモンズさんの名前の表記について「本来『ジム・サイモンズ』と表記すべきだが、一般に『ジム・シモンズ』で通っているため、本書でもそれにならった。」としている。〕

＊2─『なぜなぜ理科学習漫画』全一二巻（集英社 一九七三〜一九七四）

＊3─『子どもの伝記全集』全四六巻（ポプラ社 一九五九〜一九七九）

＊4─都筑卓司『はたして空間は曲がっているか──誰にもわかる一般相対論』（講談社ブルーバックス 一九七二）

＊5─都筑卓司『マックスウェルの悪魔』（講談社ブルーバックス 一九七〇）

＊6─『万有百科大事典』全二一巻（小学館 一九七二〜一九七六）

＊7─戸田盛和『おもちゃセミナー──叙情性と科学性への招待』（日本評論社 一九七三）

＊8─中谷宇吉郎『雪』（岩波文庫 一九九四）

＊9─ガリレオ、山田慶兒・谷泰訳『偽金鑑識官』（中公クラシックス 二〇〇九）

＊10─プラトン、加来彰俊訳『ゴルギアス』（岩波文庫 一九六七）

＊11─プラトン、久保勉訳『ソクラテスの弁明 クリトン』（岩波文庫 一九五〇）

＊12─デカルト、谷川多佳子訳『方法序説』（岩波文庫 一九九七）

＊13─カント、中山元訳『純粋理性批判』全七巻（光文社古典新訳文庫 二〇一〇〜二〇一二）

＊14─クロード・レヴィ＝ストロース、福井和美訳『親族の基本構造』（青弓社 二〇〇〇）

＊15―マルクス・ガブリエル、清水一浩訳『なぜ世界は存在しないのか』（講談社選書メチエ 二〇一八）

＊16―ポアンカレ、吉田洋一訳『改訳 科学と方法』（岩波文庫 一九五三）

＊17―朝永振一郎『物理学とは何だろうか』上下巻（岩波新書 一九七九）

＊18―高田貞治『近世数学史談』（岩波文庫 一九九五）

＊19―E・T・ベル、田中勇・銀林浩訳『数学をつくった人びと』全三巻（ハヤカワ文庫NF 二〇〇三）

＊20―加藤陽子『それでも、日本人は「戦争」を選んだ』（新潮文庫 二〇一六）

＊21―丸谷才一『年の残り』（文春文庫 一九七五）

＊22―マルクス・アウレーリウス、神谷美恵子訳『自省録』（岩波文庫 二〇〇七）

＊23―大栗博司『数学の言葉で世界を見たら――父から娘に贈る数学』（幻冬舎 二〇一五）

＊24―高田瑞穂『新釈現代文』（ちくま学芸文庫 二〇〇九）

＊25―澤瀉久敬『「自分で考える」ということ』（角川文庫 一九六三）

＊26―高木貞治『定本 解析概論』（岩波書店 二〇一〇）

＊27―コルモゴロフ＋フォミーン、山崎三郎＋柴岡泰光訳『函数解析の基礎』（岩波書店 一九六二）

＊28―浅野啓三＋永尾汎『群論』（岩波全書 一九六五）

＊29―松島与三『多様体入門』（裳華房数学選書 一九六五）

＊30―Herbert Goldstein, *Classical Mechanics*, Addison-Wesley, 1951.

＊31―Leonard Schiff, *Quantum Mechanics*, McGraw-Hill, 1949.

＊32―今井功『流体力学（前編）』（裳華房物理学選書 一九七三）

33―渡邊二郎編『ハイデガー「存在と時間」入門』（講談社学術文庫 二〇一一）

＊34—ファインマン＋レイトン＋サンズ、坪井忠二他訳『ファインマン物理学』新装版　全五巻（岩波書店　一九八
（六）

＊35—R・P・ファインマン、大貫昌子訳『ご冗談でしょう、ファインマンさん』上下巻（岩波現代文庫　二〇〇〇）

＊36—『ランダウ＝リフシッツ理論物理学教程』全一七巻（東京図書・岩波書店　一九五七～一九八二）

＊37—湯川秀樹監修『アインシュタイン選集』全三巻（共立出版　一九七〇～一九七二）

＊38—A・ヴェルジェス＋D・ユイスマン、白井成雄他訳『哲学教程——リセの哲学』上下巻（筑摩書房　一九八
○

＊39—本多勝一『日本語の作文技術』（朝日文庫　一九八二）

40—清水幾太郎『論文の書き方』（岩波新書　一九五九）

＊41—木下是雄『理科系の作文技術』（中公新書　一九八一）

＊42—谷崎潤一郎『文章讀本』（中公文庫　一九七五）

43—William Strunk Jr., E. B. White, *The Elements of Style*, Macmillan, 1959.

＊44—W・ハイゼンベルク、山崎和夫訳『部分と全体——私の生涯の偉大な出会いと対話』（みすず書房　一九七四）

＊45—リヒャルト・フォン・ヴァイツゼッカー、永井清彦訳『荒れ野の40年——ヴァイツゼッカー大統領演説全文』（岩波ブックレット　一九八六）

＊46—F・ダイソン、鎮目恭夫訳『宇宙をかき乱すべきか——ダイソン自伝』（ダイヤモンド社　一九八二）

＊47—朝永振一郎『鏡のなかの世界』（みすず書房　一九六五）

＊48—朝永振一郎『科学者の自由な楽園』（岩波文庫　二〇〇〇）

＊49—佐々木閑＋大栗博司『真理の探究——仏教と宇宙物理学の対話』（幻冬舎新書　二〇一六）

参考文献　291

*50—村上陽一郎『新しい科学論――「事実」は理論をたおせるか』（講談社ブルーバックス　一九七九）

*51—湯川秀樹『旅人――ある物理学者の回想』（角川ソフィア文庫　二〇一一）

*52—シュレーディンガー、岡小天＋鎮目恭夫訳『生命とは何か――物理的にみた生細胞』（岩波文庫　二〇〇八）

*53—アインシュタイン＋インフェルト、石原純訳『物理学はいかに創られたか』上下巻（岩波新書　一九六三）

*54—山本義隆『磁力と重力の発見』全三巻（みすず書房　二〇〇三）

*55—国谷裕子『キャスターという仕事』（岩波新書　二〇一七）

*56—Sidney Coleman, Aspects of Symmetry, Cambridge University Press, 1985.

*57—N.D. Birrell, P.C.W. Davies, Quantum Fields in Curved Space, Cambridge University Press, 1982.

*58—ジョセフ・ニーダム、東畑精一＋藪内清監修『中国の科学と文明』全一一巻（思索社　一九七四〜一九八一）

*59—C・ラージャーゴーパーラーチャリ、奈良毅＋田中嫺玉訳『マハーバーラタ』上中下巻（レグルス文庫　一九八三）

*60—レイ・ブラッドベリ、北山克彦訳『ベスト版　たんぽぽのお酒』（晶文社　一九九七）

*61—エイブラハム・フレクスナー＋ロベルト・ダイクラーフ、初田哲男＋野中香方子他訳『「役に立たない」科学が役に立つ』（東京大学出版会　二〇二〇）

*62—Jeremy Bernstein, The Life It Brings, Houghton Mifflin Harcourt, 1987.

*63—キケロー、大西英文訳『弁論家について』上下巻（岩波文庫　二〇〇五）

*64—大栗博司『重力とは何か――アインシュタインから超弦理論へ、宇宙の謎に迫る』（幻冬舎新書　二〇一二）

*65—大栗博司『大栗先生の超弦理論入門』（講談社ブルーバックス　二〇一三）

66—D・O・ウッドベリー、関正雄他訳『パロマーの巨人望遠鏡』上下巻（岩波文庫　二〇〇二）

＊67─新井紀子『AI vs. 教科書が読めない子どもたち』（東洋経済新報社 二〇一八）

＊68─Jerome Karabel, *The Chosen: The Hidden History of Admission and Exclusion at Harvard, Yale, and Princeton*, Mariner Books, 2006.

＊69─スティーヴン・W・ホーキング＋ジョージ・F・R・エリス、富岡竜太他訳『時空の大域的構造』（プレアデス出版 二〇一九）

＊70─マイケル・ホスキン、中村士訳『西洋天文学史』（丸善出版 二〇一三）

＊71─戸塚洋二著、立花隆編『がんと闘った科学者の記録』（文春文庫 二〇一一）

＊72─大栗博司『素粒子論のランドスケープ2』（数学書房 二〇一八）

＊73─スティーヴン・ワインバーグ、赤根洋子訳『科学の発見』（文藝春秋 二〇一六）

＊74─アリストテレス、山本光雄訳『政治学』（岩波文庫 一九六一）

＊75─吉見俊哉『大学とは何か』（岩波新書 二〇一一）

＊76─村上陽一郎『工学の歴史と技術の倫理』（岩波書店 二〇〇六）

＊77─マックス・ヴェーバー、清水幾太郎訳『社会学の根本概念』（岩波文庫 一九七二）

＊78─橋本和仁『田んぼが電池になる！』（ウェッジ 二〇一四）

＊79─山口栄一『イノベーションはなぜ途絶えたか──科学立国日本の危機』（ちくま新書 二〇一六）

＊80─フェリックス・クライン、足立恒雄他訳『19世紀の数学』（共立出版 一九九五）

＊81─アリストテレス、出隆訳『形而上学』上下巻（岩波文庫 一九五九）

＊82─トマス・アクィナス、山本耕平訳『トマス・アクィナス 真理論』上下巻（平凡社 二〇一八）

＊83─トマス・アクィナス、高田三郎＋山田晶＋稲垣良典他訳『神学大全』全四五巻（創文社 一九六〇〜二〇一二）